第一本台灣都市生態復育全紀錄

教授的公園夢

打造都市之肺、復育螢火蟲，
從零開始的第一本公園生態說明書

楊平世——著

「教授的公園夢」
也是我的夢

　　十三年前台大生態團隊在台北木柵我們擬開發的土地發現了馬明潭古溼地，而古溼地中又有城市內幾乎消失的螢火蟲，當時業界的朋友紛紛勸我是不是要把這個消息壓下來？可是當時在永建園區內調查的台大五位教授反透過蔡建生總經理提議，要我直接面對，並用實際行動，透過環境教育告訴附近里長、民眾及中山小學、再興中小學和永建國小，以舉辦系列「什麼叫古溼地？」「馬明潭在哪裡？」「螢火蟲的生活史」「螢火蟲吃什麼？」等活動……；同時也和文山社大及附近里長、居民召開多次公聽會，最後我們不但把「馬明潭古溼地」保護了下來，楊平世教授和他的學生吳加雄、王憶傑及高士瑴更帶領台大工讀生，把古溼地中的黃緣螢幼蟲和牠的食物——田螺和川蜷一顆顆撈了出來飼養；不久楊教授團隊更在台大繁殖出一隻隻的黃緣螢

幼蟲，準備讓當地民眾和學生野放。

不久，透過更多場的環境教育活動，這些台大師生帶領居民和三所學校的老師、學生，把繁殖出來的螺和幼蟲，藉著一次次的活動，放進古溼地和生態補償棲地之中；令人欣慰的是，二〇一三年四月復育成功！這批熱心教育的台大師生，開心地帶領附近居民和學生在基地快快樂樂地舉辦賞螢活動。由於古溼地保護和生態補償棲地復育成功，二〇一五年蔡建生先生特別贊助台大昆蟲學系，由楊教授的學生吳加雄博士代表前往佛羅里達爭取二〇一七年的螢火蟲國際研討會在台北市舉行。

在保護馬明潭古溼地過程中，團隊發現木柵公園周遭蚊蟲和小黑蚊十分猖獗，中山小學的師生飽受肆虐，後來也是在台大團隊師生的協助下，以棲地管理和生物防治方式，降低蚊蟲和小黑蚊的危害。由於公司購地時承諾接下歷史建物，在五位教授的建議下，我們把歷史建物之一訂名為「永建生態學院」，五位教授也承諾捐書，並擔任永久志工，持續守護永建生態園區，令人感佩！

二〇一三年我從報上得知台北市民關心開園二十多年的大安森林公園蚊蟲多，樹也長得不好，而且每遇颱風，倒木甚多……。這時候五位台大教授建議我和蔡先生能夠號召企業界人士成立基金會，以認養大安森林公園；沒想到在二〇一三年十月十一日的籌備會中，我被推舉為「大安森林公園之友基金會」籌備會的主任委員，是故在會中我發願，未來願以個人及企業回饋方式，每年出資贊助認養大安森林公園，希望大安森林公園未來能成為台灣的紐約中央公園或英國的海德公園。

　　今年是大安森林公園正式成立第十一年，在台北市政府及產、官、學、民通力合作下，我們解決長年以來為市民所詬病的鳥島臭味及大生態池優養化問題，也認養了兩個櫻花區、錫葉藤綠廊，建設了「杜鵑花心心」、「落羽松溼地」，成功舉辦杜鵑花季和年度繡球花展示，而且先後開創「活水飛輪」和「生態廁所」。更由於引進樹藝師修樹和生態防蚊成功，大安森林公園也成為市民和遊客最喜歡野餐及活動的地方。還有螢火蟲棲地復育和誘蝶、誘鳥植物的栽培，大安賞螢、賞鳥和賞蝶活動也陸續在公園內推出。現在執行長楊平世教授把這十年來基金會所推動的工作以「教授的公園夢」為題出版，希望基金會

錫葉藤綠廊

在大安森林公園所做的成果，能拋磚引玉，影響到台灣各縣市的公園。

如今，大安森林公園仍持續蛻變之中，我十分感謝所有董事、監察人、顧問及這十年來在公園內默默耕耘的志工朋友們，如果沒有大家的無私奉獻，「教授的公園夢」也很難實現的。「教授的公園夢」其實也是我的公園夢，期待更多的企業界朋友，不妨試試我們的認養模式，結合在地的大學學者和企業界同好們，共同為台灣各地的公園一起圓夢！

財團法人大安森林公園之友基金會董事長

林 敏 雄

2025.4.25

從永建到大安
快樂向前走

「教授的公園夢」在大家的期待下終於出版了!

二〇一二年從永建園區和台大五位教授結緣,給我印象最深的是楊教授的幹勁和充滿正能量的執行力!從陳文山老師的地質探勘,我們在永建找到孑遺的馬明潭古溼地,令人驚訝的是溼地中又有當時在都市中幾乎完全消失的螢火蟲,身為建商的我們,一則以喜,一則以憂,心中不免忐忑;但這五位老師說服我們保護馬明潭,復育黃緣螢,也說服我們出資作生態補償。沒想到這個藉由民間出資復育黃緣螢的成功案例,竟然爭取到三年一次之二〇一七年國際螢火蟲研討會在台北市舉行。

在籌辦過程中，我的兩位得力助手陳鴻楷及柳春堂先生，在郭城孟、楊平世兩位教授通力合作下，完成圓滿又成功的螢火蟲國際研討會；在此過程中也謝謝簡文秀老師協助製作我們這一代的螢火蟲的歌：點亮世界的愛，而麥覺明導演也製作出榮獲休斯頓國際影展金獎的《點亮台灣之光，螢火蟲飛吧！》。

二○一三年十月以紐約中央公園為師的「財團法人大安森林公園之友基金會」成立，歷經第一任執行長郭城孟老師的努力，我們開始在公園內引進日本樹木醫和美國樹藝師，進行樹木診斷及修樹，也同時進行生態防蚊和螢火蟲棲地重建和復育；邀請日本櫻花專家種植大漁櫻，開創「活水飛輪」和一年一度的NGO生態市集環教活動。

接棒的楊平世教授更藉著強大的執行力，從種小樹「樹木方舟」多出的土方，移填鳥島，並作排水，成功解決歷任市長一直沒有解決的鳥島臭味問題。之後也解決池水優養化，並配合市府杜鵑花推廣，開創「杜鵑花心心」，栽種杜鵑花也引進繡球花展示；如今杜鵑花和繡球花已成為全台灣每年二、三月大安賞花的熱點。同時「落羽松溼地」的建造，更湧來賞鳥、賞景的人潮聚集，池溝中的原生魚類、台

灣萍蓬草和多品系和花色多的鳶尾花也成為大安的美景。綠廊的錫葉藤和野餐勝地河津櫻區，更成為公園網紅和遊客的最愛。

　　楊執行長是台大名譽教授，也擔任過台大系所主任和農學院院長，更是民間生態保育協會的龍頭人物，行政歷練豐富，在產官學界都有豐沛的人脈；由於為人熱誠、廣結善緣，又近乎過動，所舉辦的很多活動都十分接地氣，也深受民眾和學生喜愛。由於來自學界，這五年多以來引進鳥類、蝶類、蛙類、蜻蜓調查及修樹團隊參與，公園內的生物多樣性越來越棒；調查之後，每月公園內也展開賞鳥、賞蝶、賞花、賞樹、護樹，甚至賞蜻蜓、賞鳴蟲等許多環境教育和自然觀察行動！加上生態防蚊成功，遊客更能安心在公園內進行各式活動；現在在楊教授的努力下，基金會和公園處、市立圖書館合作，推出充滿生活、生態和文化氣息的「大安講座」，由於主題生動、實用，越來越受市民的歡迎和肯定。

　　從永建到大安，這位大作曾榮獲四次金鼎獎、兩座廣播金鐘獎，又在博物館舉辦鳴蟲、蝴蝶和昆蟲文物展的不老教授，每天仍像鄰居阿伯、阿公的過動老人一樣，穿梭在公園內和大家打招呼，也把公園

鳶尾花

的點點滴滴，圖文並茂地傳給親朋好友。現在他把基金會這十一年來的努力，以「教授的公園」為題出版，相信會在台灣各地的公園激出火花，也期待關心環境的企業界朋友，在 ESG、SDGs 下能從書中找到回饋社會的方向！

元利建設公司董事長

2025.4.25

CONTENTS

序 一 ◆ 「教授的公園夢」也是我的夢／林敏雄 002

序 二 ◆ 從永建到大安快樂向前走／蔡建生 006

1　台北市古溼地保護和生態復育 013

2　都市螢火蟲生態復育規畫和經營管理 025

PART 1

從五百年前的馬明潭古溼地開始

3　五位台大教授和「永建生態學院」 037

4　發現馬明潭古溼地 049

5　保住古溼地復育螢火蟲 055

PART 2

大安森林公園復育記

6 「大安森林公園之友基金會」成立 067

7 大安森林公園的「樹木方舟計畫」 081

8 為大安森林公園種下大樹 089

9 我們改造鳥島解決臭味問題了 095

10 打造「落羽杉溼地」營造原生動物棲地 103

11 不可能的任務
　　——大安森林公園復育螢火蟲 113

12 永建生態園區和大安森林公園的
　　螢火蟲生態復育 135

PART 3

生態回來了，然後呢？
後續管理與經營篇

13 都市啄木鳥環教計畫 143

14 原來杜鵑花展可以辦得這麼美
　　——「杜鵑花心心」 149

15 難纏的入侵種
　　——大安森林公園螯蝦殲滅記 161

16 全台最胖的松鼠在大安！ 177

17 康芮和蘇迪勒颱風 vs 大安森林公園 183

18 全台灣得最多獎項的「活水飛輪」 195

19 化腐朽為神奇的生態廁所 207

20 為大安東南區塊增添色彩
　　——河津櫻區 217

21 大安森林公園鳥日子
　　——鷺鷥、五色鳥和鳳頭蒼鷹 225

22 從新店溪到大安森林公園
　　——能活絡台北盆地的「新瑠公圳」親水步道 231

索引 238

在台灣，為了環境保護和生態保育，多年來政府已陸續設立九座國家公園，並在許多生態系完整和自然資源豐富的地區，劃定二十一個自然保留區，二十個野生動物保護區，六個自然保護區及三十八個野生動物重要棲息環境；可是隨著都市化及各種開發建設，非屬於這類保護留（區）或野生動物重要棲地環境的地方，自然環境發生遽變，所以即使往昔常見的荒地、溼地、塘沼，已經逐漸消失，而隨著棲地破壞而消失的常見動植物，也越來越多。

是故，從中央到地方，關心生態的民眾和民間團體已注意到往昔常見的動

福山植物園

合歡山高山杜鵑

植物，因各種開發行為，逐漸減少或消失了，無不藉各種方式提出建議和呼籲，然而各地方政府為了交通便捷及公園綠地的開發，卻栽種不少外來種行道樹和草種，形成許多外來草種和植物一直生長在我們的周遭。

運用原生種及生態工法進行生態復育

我們知道原生植物才能孕育原生昆蟲、**蝴蝶**和鳥類，如果周遭的植被被外來種所取代，原棲息的原生種動物也會隨之減少或消失。所以，現在不論是各式工程施工或鄰里公園開發，甚至步道的開發，國內的環保團體及社區的組織無不大聲疾呼如何減少工程對棲地的破壞，如何留下原生棲地，而這已成為許多人的共識，這是可喜的現象。而對於已被破壞的重要生物棲地，不少在地的環保團體也呼籲政府採用適合的生態工法進行生態復育的行動。

種植甲蟲食草光臘樹

所以，為什麼要作生態復育的工作？其實就是為了修補弱化、劣化或被破壞的棲地，從土壤改良更新，一直到水域環境的建構，以及包括是否引進往昔生長於此區塊原生的植物，和棲地所要復育的標的物種，都必須考慮在內。

保護古溼地留住原生種黃緣螢

以台北市木柵永建國小的建地來說，當時藉由地質專家的調查，發現那是一塊即將被開發作為建校基地的古溼地──馬明潭古溼地，儘管當時無法全面保護下來，但在開發和保育取得協調之後，總算留下小部分溼地，讓後人能瞭解那是老台北孑遺的古溼地。而昆蟲學家發現，在小小的古溼地中竟然有在都市幾乎要消失的黃緣螢，所以發動學生、民眾全面撈捕幼蟲，也留下殘留其中的田螺和川蜷進行移地保護；另外，台大昆蟲學系的師生把所採獲的幼蟲養大，和附近採得的黃緣螢成蟲進行繁殖留種。然而，除了保護面積不大的孑遺馬明潭古溼地外，水利水文學家、氣象學家、昆蟲學家和植物學家合作規畫，在仙跡岩北側，建議土地擁有者以生態補償的方式復育螢火蟲的棲地；這些學者再結合景觀設計師在古溼地旁，另外開挖水潭，和建造水流

野放前環教活動

能上下循環的溝渠,並在溝潭中和岸邊栽種二十多種台灣原生植物。而為了呼籲民眾和學生知道保護馬明潭的重要性,和為什麼要進行黃緣螢復育?在這些生態復育計畫還沒進行前,專家們利用附近空地,一連好幾個月舉辦擺攤行銷生態復育計畫,向當地民眾及學生介紹馬明潭古溼地及黃緣螢生態的環境教育活動,也同時展示螢火蟲的活體和水生小動物及螺貝類,吸引民眾和學生的注意和參與。

最後在施作生態工法營造生態補償溼地施工的最後階段,也邀請當地民眾和學生走進池溝中進行踩踏活動——營造牛踏層。所以,此生態復育行動是一連串的環境教育行動;而生態及文史學者,也利用室內講堂,介紹馬明潭百年來演變,讓民眾和學生瞭解景美、木柵的開發過程,以及為什麼要進行生態復育?

當水生植物在水潭逐漸茁壯時,團隊還特地邀請永建、中山及再

張文亮老師環境教育課程

興中學的學生野放田螺、川蜷，也野放台大昆蟲保育研究室繁育出來的三、四齡黃緣螢幼蟲，讓學生們藉由實地參與、體驗生態復育的行動；而在野放螺和幼蟲之後，台大師生也帶領同學們和當地民眾進行溼地的環境教育課程。

生態復育的成效

在二〇一四年四月中旬，生態補償棲地所野放的黃緣螢成蟲和古溼地的黃緣螢成蟲羽化時，生態復育團隊展開為期一個多月的賞螢活動，不但附近學校的學生來了，民眾也扶老攜幼走進建設中新校園旁的步道，欣賞一閃一爍的螢火蟲；令人開心的是，除了黃緣螢外，幼蟲陸生的黑翅螢和紅胸黑翅螢也出現了；換句話說，生態復育的主角是黃緣螢，但由於棲地受到保護和維護，當地的兩種陸生螢火蟲成蟲也適時出現了！而在後續一年的生態資源調查中，還有另外其他四種

螢火蟲也出現，更令人開心的是穿梭在水生和原生植物間的蛙類、蜥蜴、蟾蜍、蛇類也相繼出現；另外，許多訪花、吸水的蝴蝶、鳥類，甚至白鼻心、蝙蝠……等動物，也出現在生態保育和復育的棲地，足見這是一個相當成功的生態復育案例。

如今，新建不久的永建國小東南側黃緣螢生態復育棲地，和目前學校南側由台北市學校環境教育中心所轄管的馬明潭古溼地已成為台北市每年賞螢及學校環境教育，以及校外自然觀察的重要場域；而這也是一個企業結合台灣大學和社區民眾、學校師生力量進行生態復育成功的案例。

永建古溼地生態復育的因素

所以，如果要認真盤點這個案例之所以能夠成功，可歸納為下列因素：

1. 原地主在土地捐贈和開發過程中引進台灣大學的地質、水文、氣象、植物和昆蟲學者的團隊，詳細進行細緻生態調查計畫，

永建生態園區現況一隅

　　並跨領域進行資源調查成果盤點，規畫進一步生態保育和人文資源融合的生態復育策略。

2. 找到馬明潭古溼地，但由於當時學校已進入設計施工階段，專家團隊和地主結合民意力量，和台北市政府教育局等高層進行溝通，終於保留下一部分馬明潭古溼地；此溼地目前已轉由台北市學校環境教育中心管理，台大團隊則每年進行環境監測，

野放螢火蟲幼蟲

如需棲地環境整理、清淤，資金仍由原捐助地主捐款協助。

3. 找到古溼地後的保護，和生態補償作生態復育行動過程中，專家群舉辦多次室內和室外環境教育課程，讓社區民眾和學校師生實地參與；包括植栽種植、牛踏層踩踏活動及田螺和黃緣螢幼蟲野放……等環境教育活動。

4. 專家團隊結合人文及生態資源盤點古溼地演變過程中，藉由多場室內、外課程與公聽會，讓當地文山社大、社區民眾和教師都能參與，而台大團隊也協助社區進行生態防蚊的環境整理工作，獲得社區及學校的肯定。

5. 生態補償所進行的生態復育是結合景觀設計師，以傳統生態工法建造，不但保護住子遺的古溼地，也創造新的生態復育棲地。

回到永建生態園區的翠鳥

新棲地的營造不但讓所復育的黃緣螢數量變多，也保護仙跡岩北側的生物資源，讓生活在附近的各種動植物逐漸回到所復育出來的棲地和古溼地。

可見永建古溼地的保護和生態復育是台灣近年來相當成功的案例，而這也是藉由生態學者的努力，融合生態、人文資源，化為環境教育的素材，並一直在當地社區落實的生態復育案例；而當生態復育成功之後，台北市教育局也在當地推展各式自然觀察和環境教育活動；難能可貴的是當初捐地的地主，迄今依然扮演協助監管棲地環境角色，並持續提供資金，讓古溼地和生態復育區受到很好的維護。值得一提

的是這項生態補償所做的生態復育成果，不但使台灣贏得二○一七年國際螢火蟲研討會的主辦權，整個復育過程也被拍成影片《點亮台灣之光，螢火蟲飛吧！》；此片也榮獲二○一八年休士頓國際影展最佳生態紀錄片金獎。所以，此一生態復育成功的案例，這不也是另類的台灣之光！●

二○一七年國際螢火蟲研討會開幕式

二〇一四年開放滿二十週年的大安森林公園內只有兩塊溼地，一是作為滯洪池的大生態池，面積約二四六五坪，一是往昔舉辦花卉展覽所留下來的小生態池，面積只有三十坪左右。所以在二〇一四年五月基金會成立，並認養公園之後，董監事們提議：是否能在公園內復育眷村時期仍能見到的螢火蟲？因為在一九九四年公園成立之後，眷村時期零零落落的小溼地全都不見，生活其間的螢火蟲也因為棲地變成公園而絕跡。

為什麼大安森林公園會用黃緣螢作為生態復育的指標生物？

二〇一五年初，首任執行長郭城孟和常務董事楊平世兩位教授經多次勘察討論後建議擴建小生態池至三百坪，並以復育北部地區塘沼水生和濱岸植物為主，再以黃緣螢作為生態復育的指標生物。為了瞭解黃緣螢標本的採集紀錄，承蒙台大昆蟲學系昆蟲標本館館長曾惠芸教授的協助，找出採自台北州的黃緣螢有一九三四年、一九三五年及一九三八年日人中條道夫的採集紀錄；而我一九七七年任職台大昆蟲學系時，每年四月間會從昔日系館附近農試所的水田及農試所辦公室

和台大養蟲室之間的小水田採集黃緣螢作為教學素材；加上，永建生態園區的復育成功經驗，所以當大安森林公園擬建構塘沼生態池時，便以黃緣螢作為指標物種。

其實及至現在台大舟山路農場，未進行生態復育之前，每年也會有黃緣螢出現；而現在螢橋國中附近，過去之所以被稱作螢橋，乃往昔這一帶水田、溼地多，螢火蟲數量也多之故。雖然台大日治時期的標本未標明大安或螢橋，而逕以台北州作為採集地，很可能當時此蟲乃台北地區常見的螢種。而當基金會進入大安進行蚊蟲和昆蟲調查時，包括擬進行棲地生態復育時，我和曾住附近的市民溝通時，不少人稱眷村時代，甚至更早時期，此區域不只黃緣螢一種而已，所以我們也就選擇黃緣螢作為塘沼生態棲地復育是否成功的指標生物。

透過公聽會與市民溝通

以二〇一四年的現況來說，小生態池只有三十坪左右，池中只有數條錦鯉、吳郭魚和大肚魚。周圍有姑婆芋和常見

景觀植物。為了復育螢火蟲，基金會團隊因曾在永建生態園區有合作復育螢火蟲經驗，於是找來景觀設計師潘一如女士協助規畫，在以不移植原有大樹為原則，由郭城孟教授提供水中及濱岸原生植物名錄，再由楊平世教授團隊在台大昆蟲保育研究室繁殖出來的黃緣螢幼蟲及部分由台北市立動物園所提供的幼蟲作為野放的蟲源。基金會決議是採生態工法建造，所以由工程施作專家柳春堂採購黏土敷岸、敷底各約七十公分，並由楊平世教授團隊率領吳加雄、王億傑和高士弼組織螢火蟲復育環教小組，利用基金會網站招募志工培訓解說人才，也同時辦理踩泥、放螺和野放螢火蟲等環境教育活動。

踩泥活動

　　然而由於擬復育黃緣螢區塊四周相當空曠，上空無樹木遮蔭，入夜周遭燈火通明，於是決定栽種多層次不同高度原生植物；為取代會干擾螢火蟲生活的水銀燈，楊教授建議由博士班研究螢火蟲的加雄提供黃緣螢發光光譜，讓董事之一簡文秀老師的億光公司工程師，設計

出全世界第一盞螢火蟲燈，此燈光譜為五九〇 nm，不會干擾黃緣螢的活動。

黃緣螢生態復育成功
但面臨持續經營管理問題

施工過程中，第一期塘沼棲地以鐵板圍起，塘沼分南北兩地，在中間下方挖放雨撲滿，上方鋪透水瀝青，以收集滲漏下來的雨水；北

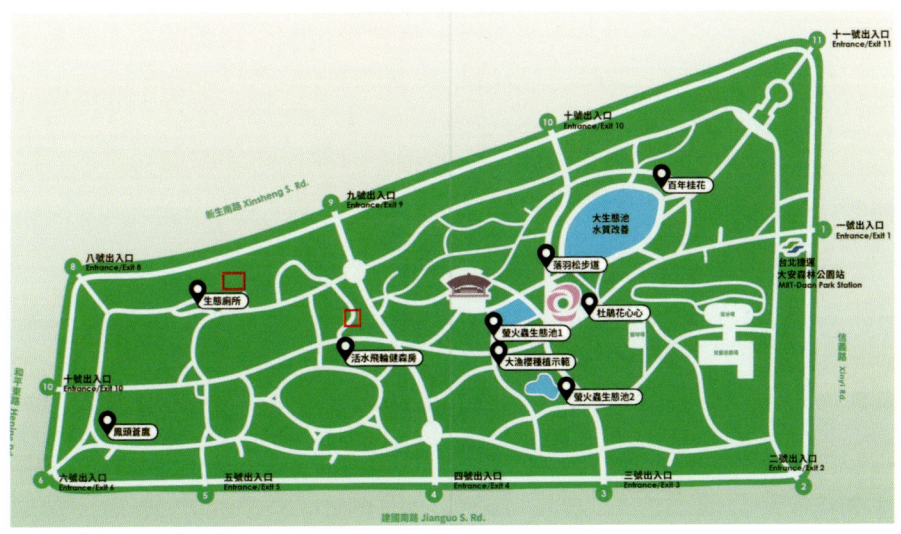

大安森林公園導覽地圖

池北側則留雨水溢流孔，以排放滿出的雨水。然而為了栽種穗花棋盤腳、水柳等原生植物，和長成濃密可以擋光的野薑花，岸邊和池底仍得鋪上三十公分厚的壤土，以利植物生長。至於水深，最深處以不超過五十公分為原則。另外，為了營造鳥類、龜類和蜻蜓能休息、棲息的空間，池內並擺放部分突出水面的巨石和木頭，以營造棲地多樣性；目前共有三期的黃緣螢生態復育區，面積大約有一八〇〇坪左右。

歷經十年，生態復育初期有綠藻、浮萍過多的問題，也有福壽螺隨植栽及混入田螺中到處孳生，但在短工和志工合作無間下，前五年這些擾人的經營管理問題大多解決；至於水生和岸邊野薑花和蕨類太過茂密，則須不定期僱工作修剪。然而民眾放生和宗教放生的問題卻常發生於塘沼溝渠之中，這些只能仰賴短工和志工適時發現，並及時撈除；所以，復育棲地經營管理是持續不斷的。

藉環境教育讓民眾參與

由於黃緣螢第一期工程在二〇一五年完成，二〇一六年四月螢火蟲羽化，宣告復育成功；由於媒體宣傳和捷運便捷，帶來無數人潮；

在民眾急切要求下，基金會在二〇一七年開展第二期工程；此時的規畫設計仍採生態工法，也同樣進行生態復育的環境教育，在放螺和野放幼蟲之前，還特地舉辦了為數兩百多人參加的牛踏層踩泥活動，其中不乏攜家帶眷的民眾參加。

　　第二、三期的螢火蟲生態復育也都是使用黏土護岸、打底，再鋪上一層可栽種原生水生、濱岸植物，設計方式，也都是以不移除原栽種喬木為主，而且都有一〇〇噸、一五〇噸的雨撲滿裝置，以留下雨水；如今，三個復育棲地每天只要利用小馬達抽出雨水，便能造成循環流動的溪流；為了創造潭、瀨環境，也採用堆石方式，造成溝渠有寬有窄的棲地。水域中除了栽種台灣萍蓬草和龍骨瓣莕菜、大葉田香之外，也栽種水柳、風箱樹、大安水蓑衣、油點草及穗花棋盤腳等台灣原生植物；並以野薑花、姑婆芋、野薑花和多種蕨類植物營造適合螢火蟲活動的多層次高矮不一的灌叢。如今，穿梭在盤石堆砌出的碎石子路面，宛如走在國家公園或自然保護區的自然步道。白天遊客可以看到樹叢間鳴叫的各種鳥類，偶而也會發現有鳳頭蒼鷹一大早在溝渠內嬉水，或在高枝上晾乾羽毛的鏡頭；另外，日夜都會鳴叫的貢德氏赤蛙也伴和著蟋蟀、螽斯的鳴叫吟唱在步道之間。所以在非賞螢季，

大安森林公園已成為校外教學場地

三個螢火蟲復育區也成為公園內自然觀察和自然探索的地方。穿梭在生態化的生態復育區塊，拿著攝影大砲的，來作校外教學的，和拍花、拍蟲、拍蝴蝶的民眾，各取所需。所以，螢火蟲生態復育區，不只是復育了黃緣螢，蛙類、蟾蜍、蜻蜓、各種龜類、蜥蜴和久違的蟋蟀、螽斯也全都回來了！換言之，這裡不只是四、五月份都市人賞螢的地方，其他月份更成為自然觀察、校外教學，和民眾徜徉步道，療癒身心的地方。

復育棲地面臨大理石紋螯蝦的威脅

然而，除了例行的撈除過多水綿和人為放生的多種動物之外，二〇一九年三個黃緣螢生態復育區面臨大理石紋螯蝦的入侵，這種螯蝦可能在二〇一八年、二〇一九年左右因人為野放而入侵生態池溝；起先只發現台灣萍蓬草、龍骨瓣莕菜相繼消失，本以為是美國螯蝦作祟；

二〇一九年賞螢季時發現黃緣螢成蟲銳減；所以一直到二〇二〇年，基金會才確定並不是美國螯蝦為害，而是能行孤雌生殖的螯蝦入侵！此種螯蝦由於能行孤雌生殖，所以能快速繁衍。然而由於誘捕效果欠佳，於是作了三次使用苦茶粕及幾乎清池的方式後，仍發現未能消滅此入侵種動物；後來，在漁業署海漁基金會協助下，又作了兩次使用石灰水處理，才壓制大理石紋螯蝦的族群；可是，由於仍未能滅除大理石紋螯蝦，目前每週仍得動用志工、短工持續誘捕。足見任意野放生物，一定會對生態復育區塊造成重大的威脅和危害。大安森林公園之友基金會好不容易透過生態復育營造出北部塘沼溝渠生態環境，成功復育黃緣螢，也舉辦多年賞螢活動，竟因人為野放行孤雌生殖的大理石紋螯蝦，差一點讓黃緣螢的復育功虧一簣！如今，基金會的志工及短工仍持續使用誘捕方法，日本學者也進入生態復育區協助監測、研究，希望能早日撲滅此外來入侵種！

生態復育後要持續經營

從二〇〇〇年以來，台灣各地不乏所謂生態復育工程，然而由於許多工作未能採取合適的生態工法方式進行，之後亦欠缺持續性的經

營管理，失敗的案例相當多；尤其是使用很多水泥工程的生態復育工程，幾乎看不到成功的案例！是故，如擬復育棲地，首先應挑選指標物種，確認此指標物種是否曾出現在擬復育區，而這則須藉助文史資訊及大學、博物館的採集標本紀錄；然後再設法以生態工法方式進行棲地營造；俟棲地穩定後才引入指標物種。而在此過程中應邀請當地生態學者、文史工作室或社區大學適合人選參與，規畫復育進程；另外，也要規畫環境教育團隊，讓當地居民、學生參與，並接納各方意見，組織志工，好為後續的經營管理作準備。

現在永續發展（ESG）和企業 SDGs 日受重視，有心奉獻的企業，此時如能像大安森林公園之友基金會一樣，就近結合當地的學者專家，成立團隊或基金會，從認養附近公園，營造生態化環境開始，或直接認養公有生物棲地。但出資支持者或團隊，每年仍得撥款持續贊助，才能使生態復育工作落實。也就是說，如果每一件生態復育工作如果能這樣進行，相信台灣的生態環境會越來越好，台灣的生態保育工作也會越來越棒！●

PART 1

從五百年前的
馬明潭古溼地開始

03

五位台大教授
和「永建生態學院」

二〇一二年春天，相交三四十年的台大同事，也是台灣植物生態界的泰斗——蕨類專家郭城孟兄找我：「在樹花園總經理陳鴻楷先生的推薦下，希望我能找幾位實務經驗豐富的台灣大學教授，在木柵仙跡岩北側進行基礎生態調查工作，您能不能協助進行動物資源調查？」

不久，身形頎長、神采奕奕的陳鴻楷先生，在郭老師引介之下，前來台大昆蟲保育研究室拜訪。他提及有一家建設公司已取得木柵國發院園區土地，希望在仙跡岩北側，一直到南側木柵公園進行為期兩年的基礎生態調查計畫。由於該公司在取得這片土地時，答應台北市政府捐贈永建國小新建校地，該公司希望在學校開發之前，調查這塊看似荒蕪、蚊蟲孳生且外來種頗多的基地上，有哪些自然資源和重要生物棲地，以便將來在進行開發過程中能儘量保留下來。

聽到這裡，我揣想：「會不會又是開發商的騙局？」因為在台大執教近四十年，曾有不少建商請我到他們擬開發的場域提供意見，或詢問營造蝴蝶、螢火蟲等生態棲地的可能性，但在提供相關資訊，或到現場勘察之後，大多不了了之！可是從陳總自信與誠懇的語氣中，感受到他的認真態度；「這一次找郭老師是希望以他的人脈，邀請您

和幾位台大知名教授協助。除了您，還有地質系的陳文山教授、大氣系的林博雄教授，還有生物環境系統工程學系的張文亮教授，希望大家合作，一起來瞭解這塊土地上有什麼自然和生物資源？」

是故，台大的永建生態團隊在仙跡岩北側，一直到南側的木柵公園旁，原國發院基地的生態資源調查工作，就在二〇一二年春天開始進行。地質學家陳文山是台灣知名地質教授，每遇地震、土石流災變，陳教授經常第一個受訪，出現在電視螢幕上為民眾分析解說，私底下我都戲稱他為「震災」教授！林博雄教授是台灣知名氣象學專家，曾主持科技部「追風計畫」，多次搭乘飛機飛進颱風眼蒐集颱風的第一手資訊，為台灣的颱風研究貢獻卓著；張文亮教授自稱「河馬教授」，從事水文生態工程及溼地研究，除教學深受學生愛戴外，也是著名科普作家；我則是昆蟲研究學者，三十歲以前

鑽探取土芯

研究害蟲，三十歲以後帶著一大票學生走入全台灣各地山林與溪流，深入水棲昆蟲、蝴蝶、螢火蟲及甲蟲生態研究。自任職台大助教，就開始投入生態解說、保育研究和服務工作，曾有四本著作獲「金鼎獎」肯定，也是科普寫作者。總主持人郭城孟教授則是國內知名蕨類分類學家，也是台灣著名生態學者，其相關蕨類著作被學習者奉為圭臬，他的生態演講也廣受社會大眾推崇。

永建生態調查團隊組成後，經過多次會議，各團隊在原國發院這片土地展開密集調查研究，希望在土地開發前，為原址留下珍貴生態棲地和原生生物資料；此計畫由民間提供資源和學術界合作，彌足珍貴。

努力為擬開發場域留下「自然風」

歷經兩年，在木柵一棟破舊的歷史建築物內，五位台大教授各自帶領子弟兵進駐，定期調查、定期研討，也分享彼此成果。在每一次會談中，建築商蔡建生先生總是雙眼炯炯有神，在一旁靜靜聆聽筆記；他的規畫團隊柳春堂和李德成二位得力助手也是每會必到。此外參與

者還有近幾年在台灣景觀界異軍突起的新秀陳鴻楷先生，及樹花園公司董事長李有田先生。有田兄和陳鴻楷先生在接觸到日本樹木醫及美國樹藝師團體之後，一直想翻轉台灣都市林的文化，也想為台灣公園林木及行道樹的栽植、修剪、健康診斷與管理貢獻心力。

在過去，無論是建設公司對於建築物基地的開發，或是公部門對於都會公園綠地的規畫，都是「以人為本」的建築和景觀設計為導向。是故，建築物看似越蓋越豪華、建材越用越高檔，公園也越造越漂亮，可是原生棲地卻逐漸消失，一些我們所熟悉的原生動植物也不見了！近年來環保及自然風興起，具節能又兼有食農教育、節能減碳和園藝療癒功能的「綠屋頂」、「綠建築」、「田園城市」出現，有遠見的建商及公園景觀規畫公司，也開始邀請生態學者加入規畫團隊。另一方面，以往都會公園過於重視園林景緻，且長期引進外來種植物栽植，加上民眾對公園「多功能」使用的要求，使得公園日趨水泥化，而罐頭式遊具也到處充斥，生態多樣性棲地，與生態服務功能則幾乎闕如。

這一批以台大教授為主的朋友，在建築商前瞻眼光的支持下，正在木柵仙跡岩北側、原國民黨國發院的基地，默默思索如何在都市建

兼具休憩與生態功能的步道

物開發過程中，為當地留下珍貴的自然資源及棲地，以提供各種原生植物、昆蟲、鳥類、蛙類或蜥蜴等生物良好的棲息環境。

　　國發院這塊土地旁邊有中山國小及新蓋的永建國小，西側又有知名的再興中小學，如能連結周邊自然環境和生態資源，並把建商答應

永建國小

市政府留下的歷史建物改造成「生態學院」,開放給附近學校及社區民眾使用,未來將成為學校、社區生態及文化的極佳教學場域。

「生態學院」構思出自建商口中,的確是一件令人肅然起敬的事。後來才知道蔡先生是一位喜歡接近大自然,多年來身兼台北市樹木保護委員,也經常參加國內外綠建築、綠屋頂的研討會,堪稱是一位具有學者風範的建築商。

然而,回顧這一段歷程,深感永建生態園區的規畫、試驗得以成

功，決不是某一個個人的成就，而是群策群力下的成果。很多人常說台大教授大多能獨當一面，但要協力做好一件事反而不容易。但在永建生態園區，當企業想為「生態補償」盡點心力時，如何保護古溼地、落實螢火蟲棲地營造、黃緣螢復育，以及生態防蚊和木柵公園整治，完完全全是五位教授共同努力籌劃、眾志成城的結果。

　　至於台灣能爭取到二〇一七年的國際螢火蟲大會（三年一次）在台北市舉辦，則是我的團隊成員吳加雄、鄭明倫和何健鎔三位螢火蟲博士爭取，二〇一四年八月在佛羅里達大會中，吳加雄以永建生態園區「生態補償」計畫復育黃緣螢成功的案例所力爭到的。這個以企業贊助計畫爭取到的國際研討會，意義非凡！在這個成功案例中，有陳文山老師的地質鑽勘，找到馬明潭古溼地，我們也合力保護住古溼地，留下螢火蟲；有張文亮教授的水文現勘，為營造的溼地找水源、闢水路；有郭城孟老師的生態棲地理念及原生植被栽種，讓螢火蟲及共棲的生物生活其中；有我們團隊的螢火蟲調查、飼養及復育；還有林博雄老師的棲地微氣候研究；當然還有潘一如設計師和樹花園團隊的合作規畫。透過一次又一次地研討及實地操作，我們邀請附近中、小學生進行多次螢火蟲環境教育活動才促成。可見一件事情之能成功，除

了企業經費支持之外，跨界專業團隊的密切合作是關鍵因素。而這也為日後大安森林公園營造生態池、溝等溼地及復育螢火蟲的成功，奠定良好的基礎。

五位台大教授及元利建設公司在台北市木柵的永建生態園區進行「生態補償」，已經為學術界結合企業善盡社會責任，樹立最優質的典範！●

生態補償──永建生態溝

COLUMN

郭城孟 博士

台灣大學生命科學院退休副教授，著名蕨類分類學家，也是植物地理和生態學者，曾擔任台灣生態旅遊協會理事長。二〇一四年大安森林公園之友基金會成立之時擔任第一任執行長，對基金會未來發展，建立良好基礎，任內完成螢火蟲棲地建立，活水飛輪和大漁櫻區栽種及認養；另外，鳳頭蒼鷹育雛直播及年度 NGO 生態博覽會，也都是在他任內推動；二〇一九年底卸任後仍擔任基金會常務董事。

陳文山 博士

台灣著名地質學家，對台灣斷層和地震研究非常深入，也是台灣重要地震地質研究學者，尤其對造山帶與前陸盆成因和第四紀沉積層序都有深入研究；曾對永建生態園區及大安森林公園地質進行探討。陳教授曾擔任台大地質學系主任，二〇二二年七月退休，現為台大名譽教授、大安森林公園之友基金會監察人。

張文亮 博士

台灣大學生物環境系統工程學系退休教授，專長生態與工程及生態保護，開授溼地與工程、水質汙染及土壤物理學。科普著作豐富，曾獲金鼎獎，有「河馬教授」之稱；基金會成立之前，負責永建生態園區水利、水文規畫，現為本基金會董事。

林博雄 博士

台灣大學大氣科學系教授，曾任系所主任。專長大氣測量及航空氣象，曾和氣象團隊深入颱風眼蒐集颱風相關資訊，長年協助永建及大安進行園區及周邊氣象偵測；並配合螢火蟲、生態防蚊和修樹團隊進行微氣候研究；也對大安森林公園都市熱島及冷島效應進行深入探討。

楊平世 博士

台灣大學昆蟲學系教授,專長昆蟲與生態保育、水棲昆蟲生態學及文化昆蟲學。曾任台大植物病蟲害學系所主任,台大生農學院院長及台大出版中心主任。年輕時代起即投入民間生態保育、環境保護和環境教育工作,現為多個協會名譽理事長;出版多本科普書籍,曾榮獲多次金鼎獎及金鐘獎。基金會推動公園生態化、水域規畫復育螢火蟲復育及生態防蚊,以及原生誘蝶、誘鳥植物栽種時,均為重要推手;現為台灣大學名譽教授,二〇二〇年起擔任大安森林公園之友基金會執行長。

04

發現
馬明潭古溼地

興建永建國小前的馬明潭古溼地遺址

COLUMN

馬明潭古溼地

馬明潭古溼地,現址位於台北市木柵路二段,秀明路北側到再興中學一帶;再興中學站往昔還有馬明潭的站名,但現在這片區域全都是陸地,早已看不出水潭溼地的蛛絲馬跡。根據文獻記載,清朝時這一帶全都是湖沼泥地,但日人據台後,一九○三年發現此區有豐富的煤礦,於是開闢馬路並興築台車運煤,把大部分馬明潭給填平了,只殘留小部分古溼地在木柵路南北兩側和再興中學附近。

二〇一二年及二〇一三年兩年在永建生態園區調查探勘過程，陳文山教授研究團隊，在現在的永建國小預定地意外探勘到殘存的馬明潭古溼地。根據出土的古花粉化石，在五公尺深的地方找到四百年前的水稻花粉，研判四百年前漢人就在鄰近景美溪一帶種植水稻；陳教授團隊往地層深處探勘，更找到了新石器時代的古花粉，研判這是一片相當古老的溼地，也就是馬明潭所殘存下來的一部分。

　　台大團隊在此區進行各種調查時，市政府已發包設計，準備闢建新的永建國小。而積水盈尺的大片溼地，一直被視作荒地，建校籌備處已

左｜施工前的馬明潭古溼地一隅。
中｜興建永建國小新址前的馬明潭溼地。
右｜馬明潭現場地質鑽探。

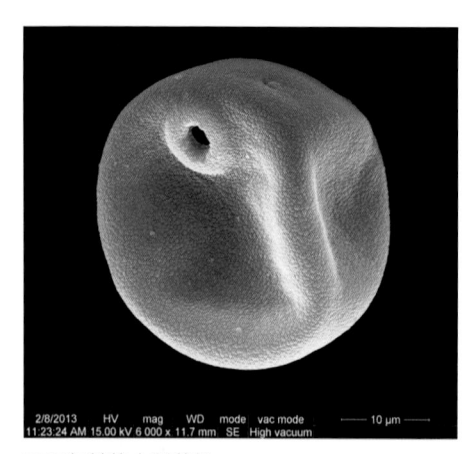

四百年前的水稻花粉

計畫把這片荒地填平，當成校舍的一部分。為此，台大團隊建議元利建設公司出面進一步和台北市政府溝通，上策是修改設計圖，把鄰近山邊的所有古溼地全部保留下來；中下策則是保留其中的一部分。是故，台大團隊在蔡建生先生溝通協助下，先後拜訪當時的副市長和教育局長。可是受限於當時校園已經發包規畫設計，經多次和市府、承包商及永建國小籌備處開會商議，除更動鄰近東南側山坡、有滑坡疑慮教室區塊，並決議縮小古溼地上的建築物，總算保留住大約一半左右的古溼地，也就是現在永建國小北側的池沼和溪溝。馬明潭古溼地能保存下來，實應歸功於元利建設公司和台大永建生態團隊鍥而不捨努力的結果。可是，當台大團隊進一步要求學校的承包商疏濬東南側邊坡的水溝，使仙跡岩流下來的水能留在溼地溝渠內，承包建商並未答應。

台大五位教授在承接永建生態園區生態調查案時，並不知道建設

公司取得土地的來龍去脈，只知建設公司為了想獲知擬開發土地上究竟有何生態資源？希望在開發過程中，留下當地特有的棲地或生物資源；這是一件相當不容易的事！尤其在生態調查中，當團隊找到馬明潭古溼地，並在溼地上發現黃緣螢時，不難想像建設公司心中的忐忑。有一陣子，負責此開發案的蔡建生董事長，似乎擔心古溼地及螢火蟲資源的訊息一旦公開，會不會影響到這片土地順利開發？

在台灣幾乎任何一個開發案，業者都不希望擬開發區範圍內有保育類動物，或有很好的指標生物和棲地。可恨的是，有一些不肖的環境顧問公司，即使調查到擬開發區內有很好的生物棲地，甚或珍稀的保育類動物，在繳交環評報告前，泯滅專業和業主串通，將上述資訊故意略去，以順利取得開發許可或建照。若遇審查開發案的委員或環評委員疏忽或不夠認真，許多優質的生物棲地或珍稀動物，極可能隨開發案的通過、興建而永遠消失。

為此，台大永建生態調查團隊還是建議元利公司應坦然誠實以對，從如何挽救這片古溼地和螢火蟲的議題直接切入。不僅建生兄相信我們，更難能可貴的是全聯集團林敏雄董事長也信任台大教授的意見。

因為當團隊在永建生態園區進行「生態防蚊」，以及多次運用螢火蟲和附近三所學校師生進行環境教育時，建生兄和林董事長都親臨現場，深刻感受到大家為維護棲地和珍貴生物資源的用心，也實際體會團隊運用環境教育帶動學校和社區的做法，已喚起了學校師生及周圍里長和居民對生態環境的重視，並全力支持後續的生態復育行動。●

05

保住古溼地
復育螢火蟲

要學校更改已定案的設計圖是相當麻煩的程序，我們能體會設計師和承包商的為難。可是當陳文山教授提出校區東南側可能有滑坡安全之虞，終於讓設計師和承包商認真看待此事的嚴重性。所以，建生兄和永建生態調查團隊邀請市政府副市長及教育局局長，大家一起和承包商面對面溝通，並作理性討論。令人欣慰的是：設計師終於作出修正，把可能滑坡的東南側教室區位內縮，也同時修正西南側的教室位置，並決議把古溼地留下一半。

　　接著，調查團隊希望建校承包商能進一步協助疏濬校園東側與南側山溝，但建商只答應做其中的一小部分；是故，團隊轉而建議元利建設公司負擔擬在南側進行「生態補償」的生態池及小山溝的所有工程經費，元利公司也從善如流地答應了！這種直接面對問題、坦誠溝通並勇於任事的態度，終於留住了半個馬明潭古溼地及螢火蟲資源。

元利建設公司出資作「生態補償」

　　由於緊鄰仙跡岩北側的山邊並沒有塘沼溝渠，在要求學校建商未果之下，教授團隊提出讓捐地美意更圓滿的做法是由元利公司出資，

永建黃緣螢復育區

找規畫團隊作「生態補償」措施。為了保留好不容易搶救下來的一半古溼地及黃緣螢原生棲地，元利建設公司依團隊建議，在緊貼山邊的區塊，僱工開挖出水塘溝渠，也就是現在永建國小後方、仙跡岩北側的黃緣螢復育區。

　　生態補償計畫得以一舉而竟全功，得力於郭城孟教授提供台灣北部地區濱岸及水生植物名錄，據以種植足供黃緣螢繁殖期成蟲白天棲息的原生植物；陳文山教授團隊的探勘資料，提供開挖區域的範圍；張文亮教授提供此區水文和水路探勘資料，及開挖後之水源和水質、水文監測；林博雄教授設置微氣候監測，提供氣溫、風速等可能影響螢火蟲活動的基礎資料。此外，我的團隊成員吳加雄博士率領王億傑、高士弼和一群台大工讀生，在古溼地施工前夕，撈取生活其中的黃緣螢幼蟲、田螺及川蜷，這兩種水生螺類是黃緣螢幼蟲喜歡的食物，並攜回台大昆蟲保育研究室飼養；有時候還得夜間採集成蟲配對

繁殖；更多次帶領附近學校學生，進行螢火蟲棲地復育相關環境教育活動。

採用最自然的工法

一開始規畫團隊以皂土氈鋪底，並做護岸，後來發現皂土氈施作後，仍會滲漏，加上陸蟹會在岸邊及底部挖洞也造成漏水現象；後來在團隊建議下，採黏土製作三十公分厚護岸及鋪底五十公分厚，再採人工拍擊及踩踏方式，形成牛踏層，終於解決滲漏的問題；然而黏土

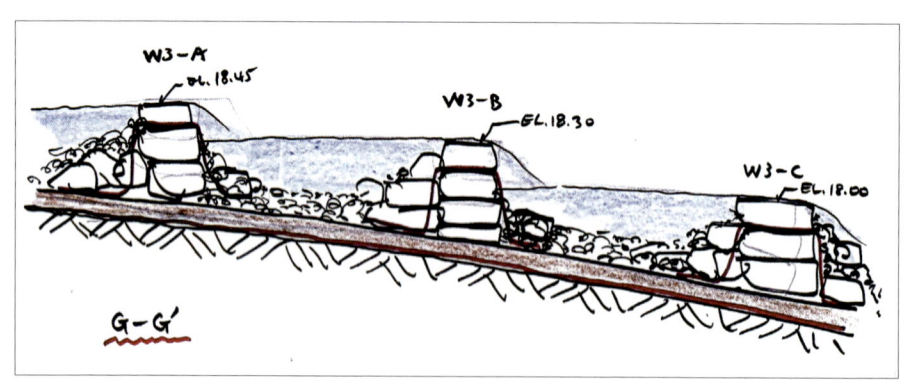

砌石水梯工程剖面圖

難讓植物生長,所以在池底及岸邊又加上三十公分厚種花用的壤土,以提供水生和濱岸植物栽植需求。藉這種方法,留下雨水及每年由邊坡流入的水,進入上下方之水箱;而每天當邊溝水少時,只要啟動小馬達,水流即能上下循環流動。在具有高低差的水流處構築砌石水梯,增加水中溶氧,有利黃緣螢幼蟲、田螺以及川蜷生長。

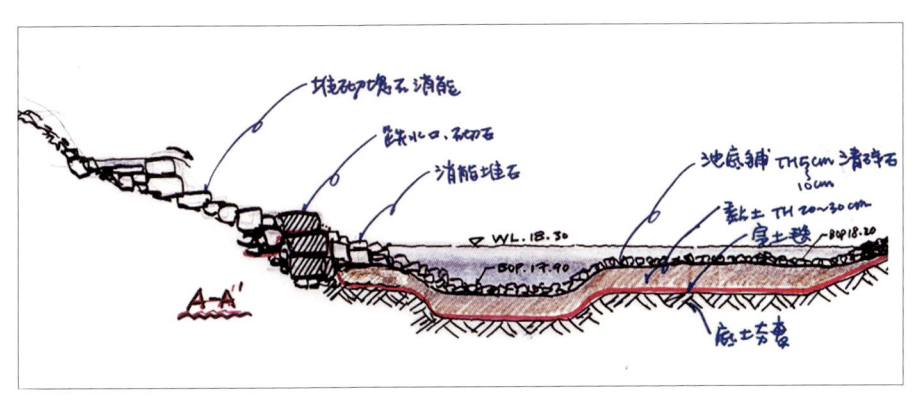

溼地內野生的田螺

生態池施作剖面圖

永建生態園區人工草溝可見大量的田螺

　　至於原馬明潭水域，因長年牛踏層已形成，為強化牛踏層，在抓捕黃緣螢幼蟲、田螺、川蜷及其他水生物後，則同樣用岸邊加厚三十公分厚黏土，以挖泥機拍打岸邊密度，水底同樣加厚五十公分黏土，並用挖泥機拍打密實，加厚牛踏層，並在岸邊加三十公分花土，以栽種野薑花、姑婆芋等多種濱岸植物，營造黃緣螢棲地，這些植物可讓成蟲羽化後棲息、藏身。

　　歷經二〇一二年、二〇一三年和當地三個學校——中山、永建及再興中小學學生多次合作野放田螺、川蜷及黃緣螢幼蟲，二〇一二年

調查數量只有二十隻黃緣螢成蟲，二〇一三年至二〇一四年間，數量已激增為一、兩百隻；這些經過復育繁殖出來的後代，已經在馬明潭古溼地生生不息，直到今日。

另外，台北市木柵永建國小、中山國小及再興中小學師生，長期飽受蚊蟲和小黑蚊肆虐，二〇一二年當我們在當地進行各項資源調查時，居民和學校老師一再反映蚊害問題。是故，郭老師、我和加雄一起進行周遭環境勘查，發現蚊蟲孳生源來自成堆的落葉、落葉堆下積水，和無數長著藍綠藻的裸露地及水窪；此外，林木間密不透光的枝葉、灌叢，都是蚊蟲孳生和繁衍的溫床。在元利建設公司的經費支援下，加雄、士弼和億傑帶領台大工讀生們，全面清除蚊蟲孳生源，不定時疏通水溝及積水處，並同時施放蘇力菌以色列變種及黑殭菌。我們以友善生態環境和不使用殺蟲劑的施作下，不到一個月，蚊蟲和小黑蚊密度銳減，有效降低蚊蟲的危害程度！

在永建生態園區之所以復育黃緣螢是因緣際會，並不是刻意要進行螢火蟲復育；所以，如非團隊發現黃緣螢及馬明潭遺址而全力進行搶救、保護，此水域可能早已因永建國小新校舍的興建而消失！溼地

永建生態園區草溝旁步道　　　　　　　永建生態園區，臨山草溝與步道

永建生態園區現況

龍骨瓣莕菜　　　　　　　　　　　台灣萍蓬草

營造和維護不只留住螢火蟲，很自然地，蛙類、螽斯、蝗蟲、蟋蟀、水棲昆蟲、蝴蝶和蜥蜴都出現了，連蛇類、鳥類及小型哺乳類動物也都回來了！因為這個好的因緣，我們以這個由民間捐助生態補償的復育黃緣螢成功案例，爭取到二〇一七年三年一次的國際螢火蟲研討會。

現在，這個由元利建設出資贊助的黃緣螢生態補償棲地，已經由永建國小及台北市學校環境教育中心接管，而且也年年在這裡舉辦賞

永建生態園區內的螢火蟲

永建國小野放螢火蟲幼蟲

螢、生態觀察和自然探索的體驗活動！我們五位台大教授和加雄，每年仍持續協助棲地維護及螢火蟲監測工作；二〇二二年我們發現溼地有些淤積，仍建議元利建設公司，持續出資協助清淤工作，使螢火蟲能一直繁衍下去。●

PART 2

大安森林公園
復育記

06

「大安森林公園之友基金會」成立

蘇迪勒倒樹情形

源自於永建、木柵公園生態防蚊及搶救古溼地和守護螢火蟲的成功經驗，在一次審查會中，時任台北市公園處的張郁慧處長向我及城孟兄談及大安森林公園一直被市民批評樹木長不大的問題。不僅如此，當時台灣許多地方一遇颱風，行道樹和都市林經常傾倒或枝條斷落，壓車、傷人事件，頻頻發生。所以，在我們和元利建設的蔡建生董事長、樹花園的李有田及陳鴻楷等人一起討論這個問題後，大家不約而同地提議，何不籌組大安森林公園之友基金會，以直接協助大安森林公園？元利建設蔡建生董事長說：「我們不妨運用人脈，多邀些企業界朋友參與，大家共同盡

「大安森林公園之友基金會」成立　06

點心力、出點錢，為大安森林公園把脈。」

以紐約「中央公園」為師

當時，大家共同的夢想是以紐約的中央公園為師。紐約中央公園於一八五八年創建，位於現在紐約最繁榮的曼哈頓區，面積達三百三十七公頃，歷經近一百六十多年的經營，現在已成為全世界最知名的森林公園。台北市的大安森林公園則是在一九九二年四月開始拆遷，一九九四年三月二十九日啟用，面積只有二十六公頃，但位於人文薈萃的大安區，也算是台北市的精華地段。惟開園二十多年來，樹木雖已成蔭，卻長不高、樹幹也不夠粗壯。許多市民和專家都認為

蘇迪勒颱風災下的大安　　根系調查挖出的地下石塊

是當年為了在短短三年內完成拆遷並建設公園，由於趕工，有太多廢棄土石和建築廢棄物，就直接埋入地底；也有人說，因為趕工，用壓路機把公園內的土壤壓得太夯實了！加上二十多年來每天都有近萬人在園區內活動、踩踏，土壤愈加硬化，在此狀況下，樹木怎麼會長得好？

　　二〇一三年十月十一日「大安森林公園之友基金會」召開董監事籌備會議，由於當年完成拆遷和建設工作是在黃大洲市長任內完成，大家特地邀請黃前市長前來致辭，也分享當年經驗。黃市長說：「當年拆建工作十分辛苦，雖然給了拆遷戶補償或分配國宅，但建設時程實在太短，園內雖有分區，植栽也做了適當的配置和規畫，但坦白說時程有點短，所以在拆遷及建設過程，完工時程是有些倉促；當年我競選市長時，由於開幕時園內仍有不少地方泥濘不堪，大安森林公園反而成了我被其他兩位候選人修理的把柄……」當晚黃前市長語帶感慨，不勝唏噓！不過大安森林公園後來逐漸成為台北人口中的「都市之肺」，也成了台北市民休憩、運動和聚會活動的熱門場所，現在大家無不感念黃市長當年的政績。所以，當黃前市長得知學界和企業界即將成立基金會為大安森林公園「把脈」，當晚他顯得格外興奮和欣慰！

揭開大安森林公園樹長不好的原因

橫向發展的根系

二〇一三年到二〇一四年，每遇颱風來襲，台灣各地公園和行道樹，枝幹斷裂，甚至連根拔起而砸車傷人的事件頻傳。當時，包括台大、興大、嘉大和林業試驗所的「植醫中心」及「樹木醫院」都成軍不久。為解燃眉之急，基金會在董事蔡建生、樹花園公司李有田及陳鴻楷先生的協力下，邀請日本街路樹協會的「樹木醫」，和國內植物醫學專家、園藝學者、林業專家共同為大安森林公園樹木把脈。

二〇一四年五月，日本樹木醫在大安森林公園內選取茄苳、樟樹、台灣欒樹、榕樹及青剛櫟五種代表性樹種，挖開其根系及植栽基盤後赫然發現，除了樹木生長區域土質硬化之外，因為公園土壤層地下水位高，主根沒辦法往下紮根，每個樹種的根系，幾乎都往周圍

2024 年日本樹木醫團隊根系追蹤　　　　2024 年根系追蹤了解土壤健康度

水平生長,而且主根最多只有五十公分深。此外,在團隊抽樣調查的一百五十棵樹木中,屬於健壯級的只有百分之三十七,其他百分之六十三為局部或顯著或嚴重受害等級。所以,經過專家「會診」之後,終於找出大安森林公園樹木長不好、長不高,且每遇颱風容易摧折的原因。

其實公園處委託台大園藝系的團隊針對園內代表性樹種,包括台灣欒樹、苦楝、木麻黃、垂榕、欖仁、阿勃勒、黑板樹及印度紫檀等十八種、共四百棵樹,進行樹木健康及安全評估,也發現生長狀況欠佳,而且如果和台大校園同樹種相較,生長勢也比較差。

以大安森林公園為例
舉辦「二〇一四樹木保護國際研討會」

在樹木診斷過程中，專家們提到樹木的修剪十分重要，因此，除了日本樹木醫之外，基金會也邀請美國樹藝師團隊和香港、新加坡的樹藝師、攀樹師前來台灣演講並作樹木修剪示範。

由於來自日本樹木醫及美國、新加坡、香港樹藝師的團隊精湛表現，大安森林公園之友基金會特地於二〇一四年五月十九日在台大舉行以公園林木診斷及修樹為主題的「二〇一四樹木保護國際研討會」。此研討會原只規畫兩百人規模，沒想到竟有五百多人報名，基金會於是在集思台大會議中心加開另一個視訊場地因應，這也是近年來台灣樹木園藝景觀研討會罕見的盛況，足見各界對樹木保護、修剪知識需求之殷切！

然而，修樹、護樹需大筆經費，二〇一四年五月十四日成立基金會時的基金只有五百萬，這五百萬的孳息非常少，可是基金會沒有錢是無法運作的。值得一提的是，當時五百萬基金是由林敏雄、李棟樑、

樹木醫修樹示範

黃希文、鄭崇華及蔡建生五位先生代表所屬企業捐贈的。

有感於社會各界對都市林及大安森林公園的殷殷期待，基金會成立時被推舉為董事長的林敏雄先生曾說：「既然社會各界對大安森林公園的改造都熱切期盼，我個人願以企業回饋社會的心，作長期性經費贊助，等做出一點成績，我才交棒給其他人吧！」他要求其他四位捐助基金的企業董事代表只要資助創會基金，這些資金全放銀行內不會加以動用，至於基金會在大安森林公園每年推動各項工作所需的經費，則由他個人及「全聯」全額捐助，以作為對社會的回饋。

啟動友善環境「生態防蚊」作業

二〇一四年基金會成立之初，專家團隊在大安森林公園修樹及進行各項基礎調查時，吸引不少熱心民眾關心。有些民眾反映：「公園

竹間空隙為小黑蚊孳生熱點

內的蚊蟲很多，榕樹區及竹林內還有很兇的小黑蚊叮人！」；而林董事長夫人和朋友在大安森林公園運動時，也發現這個「蚊害」問題，曾向林董事長反映。其實蚊害不只是大安森林公園的問題，蚊蟲危害幾可說是台灣各地的公園和遊樂區，一直是重大公害問題！

然而台灣大多數公園的垃圾清理、清運和蚊蟲防治大多直接發包給外包廠商處理，這些廠商除了利用固定時間清理垃圾、清運垃圾之

生態防蚊是甚麼？

1. 噴灑生態友善的防治資材（油棕灰或苦茶粕水溶液），防治小黑蚊幼蟲，減少小黑蚊數量

2. 施灑生態友善的防治資材（蘇力菌以色列變種產品），防治白線斑蚊，減少登革熱病媒蚊數量

生態防蚊說明

上｜生態防蚊站 1.0
下｜調製草木灰液，在蚊蟲出沒熱點施用以杜絕孳生

外，面對蚊蟲滋生的擾人問題，通常採用殺蟲劑方式解決，但這對公園生態與環境會產生危害；由於之前在永建國小及木柵公園有「生態防蚊」的成功經驗，台大昆蟲保育研究室團隊受命接下這個任務，在大安森林公園進行「生態防蚊」。我和加雄及助理著手公園蚊蟲棲息地與孳生源調查，發現蚊蟲成蟲白天會躲在灌叢落葉之間，幼蟲則在未疏通的水溝及積水處生活；而小黑蚊則是在藍綠菌（俗稱青苔）生長較茂密處棲息生存。確認蚊蟲棲所之後，加雄帶領億傑、士弼及台大工讀生負責清理，並為棲地管理的包商實做示範施作；另外，園內有大片竹林，過去修剪時未修到竹節的節間處，導致竹筒內積水，成為孑孓生長的溫床。清理孳生源之後，再配合蘇力菌以色列變種與黑殭菌施用；並藉修樹提高樹冠透光率，讓風吹進來，蚊蟲叮人事件就減少很多。但這種「生態防蚊」方式在連日大雨過後，必須立刻出動人力盡速清理上述蚊蟲棲息及孳生源，以避免蚊蟲再度孳生！

修剪竹節節間

COLUMN

蘇力菌以色列變種

蘇力菌以色列變種（*Bacillus thuringiensis israelensis*, Bti），又稱蘇雲金芽孢桿菌，是一種存在於土壤中的桿菌，同時也會在數種蛾類與蝴蝶的腸道中發現。蘇力菌會產生對於多種昆蟲有毒性的晶體蛋白，目前已成為最廣泛應用的微生物殺蟲劑。

黑殭菌

黑殭菌（*Metarhizium anisopliae*）是一種會寄生在昆蟲上的真菌，菌絲體會穿入蟲體組織，並導致昆蟲死亡。目前也是控制包括蝗蟲、薊馬與白蟻等多種害蟲的重要微生物殺蟲劑。

基金會在大安森林公園推動不使用化學殺蟲劑、友善環境的生態防蚊措施成效，引起政府部門重視。二〇一五年十一月九日基金會應台北市政府環保局要求，由基金會出資，辦理「二〇一五年城市病媒蚊環境管理研討會」，邀請國內蚊蟲與防疫專家齊聚、貢獻專業，基金會也分享大安森林公園「生態防蚊」實務經驗。這場研討會吸引了三百多人參加，由於當時正值台南、高雄爆發登革熱，全國各縣市政

府、學校及民間團體都亟思解決方法，所以報名非常踴躍。之後，台北市環保局開辦「生態防蚊診所」，由經過培訓的「生態防蚊師」進入社區服務，就是奠基於大安森林公園「生態防蚊」經驗傳承。

可見只要用心做出口碑，很多地方政府也會跟進，所以這是一種很棒的善性循環；如今「生態防蚊」工作，目前仍持續在大安及木柵公園周邊進行。如今，為了使「生態防蚊」更具實效，除了加雄團隊外，二〇二一年起我更邀請了台大公衛學院的蔡坤憲教授率領他的學生，加入大安生態防蚊的行列，希望能開發出更新穎、更有效的生態防蚊方法。

COLUMN

大安森林公園與「金城武樹」

二〇一四年七月,當五位日本樹木醫正在大安診斷林木和修樹時,台東池上鄉伯朗大道著名的「金城武樹」遭麥德姆颱風吹襲傾倒。

在基金會安排下,長年為日本皇宮修樹的兩位樹木醫山下得男及川口佳久,與台灣樹藝師團隊連夜趕往台東,經過一整天的搶救,終於將平躺於水稻田中的「金城武樹」扶起;再透過修剪、填土,及為「金城武樹」做仔細診斷。我們不但救活了「金城武樹」,無意間還跟金城武先生所代言的長榮航空公司結下「善緣」。

二〇一七年基金會主辦三年一次的螢火蟲國際研討會,長榮航空動用全球航線,禮遇每一位來台灣參加研討會的外賓,不但贈送小禮物,也提供機上及轉運時的周到服務,這又是另一段美善的循環。

當您在伯朗大道上,暢意地騎車、散步,在茁壯的「金城武樹」旁留影,可能沒想到大安森林公園之友基金會,也曾為「金城武樹」做出些許的奉獻!

上｜扶起、修剪倒趴的「金城武樹」
下｜重新換土並保護枝幹

07

大安森林公園的「樹木方舟計畫」

「種原生種、種小樹」是許多生態界及NGO好朋友們的理想，也幾乎在許多開會場合，人人都能琅琅上口的宣示。在台灣，我早在一九八〇年代起就公開推動學校及社區蝴蝶園、生態園，也開放研究室所經營的台大蝴蝶園、生態園提供給全國中小學校長、主任及社區免費參觀、導覽；但在當年，每當我要找原生的蝴蝶寄主、蜜源植物和原生樹木栽種時，我都會碰到難題，就是買不到這些所要種的原生植物，所以只能透過當年在動物園工作的陳建志、吳怡欣兩位博士找蝴蝶專家羅錦文先生；如要種獨角仙、鍬形蟲喜歡的光臘樹等，就得找台大森林系畢業，在業界深耕台灣原生植物的呂文賓先生；所以，坦白說，即使想推社區、校園及行道樹原生種植物栽種，在那個年代，實在困難重重，因為大多數的苗商、園藝景觀業者，所使用的幾乎是以外來種植物為主，甚至有些人在規畫設計公園綠地、行道樹時，就用特殊的外來種，把標案綁得死死的；所以，在當年，如要利用原生種誘蝶、誘鳥植物應用在生態園、蝴蝶園，的確有現實上的難度！

「樹木方舟計畫」

在成立大安森林公園之友基金會時，恰好農委會林業試驗所正推

動「植物方舟」，也就是要發展以原生植物為主的「國家植物園方舟計畫」；起初這個計畫，原先鎖定受威脅物種，後來再逐漸開展到其他可以應用在公園和行道樹的種類；甚至推廣在盆景、盆栽及各式水生和濱岸植物⋯⋯等。

　　大安森林公園之友基金會的董事、顧問中，也有樹木及植物專家，所以在董事會討論時，就有董事建議是否也能在公園內推「樹木方舟」計畫？經過大家一起討論後，發現面臨現實上的困難，因為公園內早已種下不少樹，沒有足夠的空地可栽植原生植物，所以方舟計畫進行時，通常只能運用園內現況加以改善；所以我們最後決定先鎖定大安捷運四號出口的阿勃勒區來改善現況；因為此區必須補植許多死亡的阿勃勒空穴，當時有董事監察人提議：把阿勃勒區變成「黃金雨區」（或稱之為「黃金雨瀑布」），然而此一施作，也得一併利用枯死木的空穴和草地；二〇二〇年六月到二〇二〇年十月底，「方舟計畫」的種樹和樹林改善工程完成，所以在二〇二三、二〇二四年，很有機會讓遊客在「黃金雨瀑布」下野餐。是故，如果您搭捷運走四號出口，一定可發現這一片正茁壯中的阿勃勒樹林！

施工完成的阿勃勒「黃金雨區」

盛開的阿勃勒

方舟計畫種魚木

苗壯中的魚木

另外,在「黃金雨區」往南延伸的區塊,我們利用枯樹空穴和部分空地,進行真正的「樹木方舟計畫」;經過董事監察人充分討論,我建議種植端紅蝶、台灣粉蝶喜愛的台灣魚木,但也有董事認為如另一邊栽種台北市溫州街甚受歡迎的加羅林魚木,一土一洋,也可以相互對照輝映,而且都是蝴蝶幼蟲的寄主植物;所以儘管林試所推的「樹木方舟計畫」是以台灣原生樹種為主,但大安是個公園,如能土洋兼容並蓄,也是很好的對照試驗;所以,我們就在「黃金雨區」南側,一排栽種原生的台灣魚木,另一排則栽種加羅林魚木,而且都是從種植小苗開始種起。二〇二〇年七月開始動工栽種,當時樹苗只有六十到八十公分高,二〇二二年夏天,短短兩年多,兩排魚木都已長至一公尺半以上,而且黃蝶類及端紅蝶已開始在兩種魚木葉上產卵繁殖,實在令人開心!

盛開的加羅林魚木

現在林務局及林試所正在公園、學校及社區推動台灣原生植物栽植，大安森林公園之友基金會也積極在鳥島及許多認養區栽種各種原生誘蝶、誘鳥植物；未來，我們也預計在公園內選擇特定地方開闢「台灣原生植物步道」，以吸引原生的昆蟲、蝴蝶和鳥類，也好讓市民朋友多認識我們的原生植物！●

08

為大安森林公園
種下大樹

大安森林公園從一九九四年三月二十九日開放使用，迄今已有三十年。除了少數在拆遷過程被保留下來的樹木，大多數的林木是從其他地方移植過來的。比起台中、台南等百年老公園，公園內一直沒有參天大樹。

　　在基金會成立之初，就有董事建議：「能不能從台灣的種苗商手中，買幾棵高大的樹木進公園種植？」可是要選什麼樹呢？多數董事同意「挑選台灣原生或特有的樹種」，不過，對於移植大樹有些董事不太贊成，呼應當時林試所正在推動「國家植物園方舟計畫」，基金會應在公園內找適當的地方種植小苗，而非移

茁壯中的茄苳

植大樹，因為移植大樹都會經過斷根處理，在移植之後，樹可能會長不好，甚至在種下之後，會因水土不服而死亡；不過，在當時大家的意見，仍莫衷一是！

聽到董事會中有人提議種植指標性大樹，基金會的企業主代表董事之一，海悅國際開發公司表示，他們有自己的苗木園區，所開發的建地也栽種不少大樹，特地邀請大家前往參觀；如果基金會需要，他們願意認捐。由於元利建設公司也是台灣知名的豪宅建案推手，手中也有不少漂亮又巨大的林木，有一天建生兄說：「林董事長得知大安森林公園需要大棵的林木，他願意認捐，請基金會派董事及樹木專家前往苗圃挑選。」十分感謝兩位企業代表董事的義助。

精挑四棵大茄苳

不久在建生兄及兩位副執行長柳春堂、陳鴻楷的陪同及協助下，基金會代表在參觀完海悅在豪宅區所種下的林木之後，又前往林董的私人苗圃參觀；最後大家決定從林董事長的苗圃，挑選四棵巨大，樹型又漂亮的老茄苳；並向公園處送出捐贈申請，並把兩個踏勘會議的

結果和公園處討論，經公園處審核後，就由基金會負責移植林董所捐贈的大樹到大安森林公園內。這些茄苳樹樹齡大約五、六十年，其中三株，高大挺拔，屬俊俏型樹型；另一株主幹粗大，外型十分古樸；據前往選樹的專家表示，這四棵老茄苳，每棵市價都超過一百萬台幣。

茄苳又名重陽木，是台灣原生樹種，在台灣廣泛分布於一五〇〇公尺以下地區，也是鄉野常見樹種；但這種樹同時也分布在中國、印度、緬甸、印尼、馬來西亞及東南亞各國。在台灣某些地方，茄苳、榕樹和樟樹由於都是屬於長壽型樹種，所以當它們長成老樹之後，常被當地人當成神木膜拜。而它們之所以被稱作重陽木則是因為樹皮褐色又粗糙不平，宛若歷盡滄桑老者的皮膚；加上枝枒寬大，樹冠如傘，甚具遮蔭效果，所以是鄉野間頗適合遮蔭、乘涼的樹種。由於茄苳結實累累，漿果是許多鳥類的食物，所以一直是公園內及行道樹間相當重要的誘鳥植物。

由於這四棵巨大的茄苳是從林董苗圃移入的成樹，移植過程中，得在半年之前先在苗圃內作斷根處理；再分別用大卡車把帶有大土球的根系徐徐移進和公園處協調好的區位——兒童遊樂區南側草坪、停

茄苳運抵大安 → 用吊車將茄苳樹吊起

採高種方式避開較高的地下水位，以利根系發展 ← 填實根部土壤並以支架定位

PART 2　大安森林公園復育記

車場東側入口及建國南路東三號入口側邊及大草原中央的場址。

　　為了種好這四棵樹，基金會十分慎重地邀請日本樹木醫指導，有鑑於大安森林公園排水欠佳，土壤夯實，所以在和公園處勘察好場地之後，茄苳移入之前，早由樹木醫推薦使用泥炭土、沙土、壤土、細黑曜石和有機土一起混拌，並堆高一公尺多；採高種方式，再分別在四個不同區位挖好樹穴，把四棵八至十公尺，樹胸圍一點五至一點七公尺的老茄苳，一棵棵進入樹穴之中。

　　從二〇一八年四月到現在，在基金會志工和日本樹木醫悉心照顧之下，每兩個月施肥一次，如今這四棵巨木，尤其是靠兒童遊戲區南側突出草原的兩棵，早已成為乘涼人和野餐人的最愛區塊！眼看著這四棵大茄苳翁翁鬱鬱，樹上停棲的鳴禽引吭高歌，樹下乘涼人、野餐人悠閒自在，令人欣悅！

　　大安森林公園內，終於有巨大的樹木了！有空來看看它們，也看看樹上有什麼鳥雀出現！●

09

我們改造鳥島 解決臭味問題了

二〇二〇年，當我們進行「樹木方舟計畫」時，發現阿勃勒區及魚木區土壤夯實十分嚴重，而且排水極差，一下雨，不少地方一下子就積滿了水；當挖土機一往下挖，當年被壓入土中的各種建築垃圾、廢棄輪胎、塑膠、碎磚頭，應有盡有！為了改良土壤，我們接受台大農化系許正一教授的建議，使用進口的泥炭土、拌和細沙、壤土及有機肥，小小一個區塊，施工達三、四個月；沒想到篩過建築垃圾的泥土，由於又添加肥沃的土方、基質、肥料，加上原有夯實的土壤鬆開了，竟堆積出好幾座小山！這些多出來的土，怎麼辦？

全面改造鳥島

　　有一天，柳副執行長和我討論，我們是不是把這些篩過，多出來的土方，再多拌和一些有機肥、泥炭土後，用大吊車吊往大生態池中的兩個鳥島上？大生態池是大安森林公園最重要的景點，也是白鷺、夜鷺、黃頭鷺和紅冠水雞等野鳥棲息、生活的地方；可是由於池水長期以來有嚴重優養化，鳥島多年來也因為鳥糞堆積，在夏天時奇臭無比。過去甚至曾有市民在此池子內放生鱷魚，問題極多；當然後來公園處在民意反映之後，雖已清理出鱷魚，但池子裡外來種魚類仍相當

多,水質優養化也非常嚴重。為此,我們登島現勘,發現鳥島上早已積累厚厚的鳥糞,還有許多孵不出的鳥蛋、鳥屍,也難怪鳥島年年會奇臭不堪!而且這兩個小島,還有不少低窪積水之處,最後我們決定把這些多出來的土方,用大吊車

整理前鳥島樹上泛白的鳥糞

吊往鳥島上,也同時在島上做好排水系統,最後再藉大吊車把土方移向鳥島整平土地,種上原生植物。

以大吊車將土方移向鳥島

剛好在我接任執行長時，任務之一就想推動栽種蝴蝶的食草及蜜源植物，好使公園蝶種及台灣原生動物增加；所以當鳥島的整地大工程完工，根除臭味之後，我們率領志工分好幾批次上島栽種蝴蝶的食草和蜜源植物；其中包括林朝棟先生所帶領的「水水青少年生態志工團」，他們也來島上作勞動服務；更湊巧的是當我們在為鳥島堆土營造蝴蝶及原生植物棲地時，板橋亞東醫院旁的遠東工業園區正打算施工，有熱心的志工得知消息，立刻告訴基金會說園區內會移除不少蝴蝶的食草和蜜源植物，柳副執行長聞訊，立刻帶領志工朋友前往挖掘搬回；感謝遠東工業園區及蔡明韻先生的協助，也期待鳥島有一天也能成為大安森林公園的蝴蝶島！

在鳥島上栽種原生植物

其實從二〇二〇年以來，我們已經在認養區內種不少原生樹種，也已栽種不少蝴蝶寄主和蜜源植物，而且也已經發現大安森林公園的蝶種和數量增加了！現在我們也找來台灣著名蝴蝶學者陳建志博士加入公園蝴蝶復育團隊，他曾指導的台北市立大學三

位研究生,在不同時期,調查過大安森林公園的蝶相,相信在我們合作及耕耘下,有一天大安森林公園也能成為都市人賞蝶、拍蝶的好地方!

我們終於解決了鳥島臭味問題

一場「樹木方舟計畫」,不但改善阿勃勒區成為「黃金雨區」,也增闢了種小樹的魚木區;而多出來的土方也改善大、小鳥島的生態環境,一舉解決台北市多任市長長久以來一直沒有解決的鳥島臭味問題!而且島上還栽滿了蝴蝶的食草、蜜源植物及台灣原生植物。

淨化處理後的大生態池

二○二○年十一月至二○二一年二月，在短短四個月內，我們把里長們長年所詬病，遊客也受不了的鳥島臭味問題解決了！二○二一年八月，鷺鳥類繁殖育雛期過後，二○二一年九月我們又帶著志工和「水水青少年生態志工團」登島觀察，發現這些植物存活率高，而且全都長高了！而且在其中一棵過山香上，還發現三隻三齡的柑橘鳳蝶幼蟲，野生的蝴蝶也找到牠們幼蟲的食草繁衍下來了！二○二一年秋天，我們所栽培出來的蝴蝶寄主植物和蜜源植物也陸續帶到島上加種，大家無不期待鳥島不久也能變成蝴蝶島！

　　都會公園由於林木花草園藝化，景觀硬體設施太多，使一些原生野花野草的棲地一去不復返；這一年來我們加快步伐，在復育螢火蟲的三個區塊周遭和「活水飛輪」區的空地，栽植許多台灣原生植物，這些植物是許多草原性蝶類的食草和蜜源植物；例如俗稱「豬母乳」的馬齒莧就是雌紅蛺蝶的食草。耐人尋味的是志工們每一種下不同的幼蟲食草，不到幾天就被蝴蝶幼蟲吃光，我笑稱大家種得還不夠多；所以這兩年來，志工們也就在我們所認養的區塊，正找時間努力地種；如今公園內經常可以看到一些草原性蝴蝶，像雌紅紫蛺蝶、星擬蛺蝶、黃蛺蝶和吃芸香科植物的各種鳳蝶，翩翩飛舞的美姿，令人欣悅，令人愉悅！

鳥島現況

　　二〇二一年至二〇二三年，師大附中團隊，在我們贊助下進行蝶相調查，我們發現大安森林公園的蝴蝶種類和數量的確變多了！二〇二四年及二〇二五年我們和台灣蝴蝶保育學會合作調查大安森林公園的蝶相，令人開心的是公園內的蝴蝶種類已由五十多種增加到七十種，蝶會的志工除了調查蝶相外，也帶領民眾進行園區內的賞蝶活動。喜歡蝴蝶的朋友：有空可以來大安欣賞翩翩的彩蝶！●

10

打造「落羽杉溼地」營造原生動物棲地

落羽杉是一種原產於美國的落葉性喬木，是溼地環境適合栽種的樹種，由於入秋之後葉子會變黃，入冬之後則掉光葉片；可是春天時，枝枒吐出嫩葉，鮮綠片片，欣欣向榮！所以，如栽種一大片，景觀宜人；由於引進台灣之後，甚受民眾歡迎，目前在很多公園、行道樹，甚至私人宅第，常栽種成排，有些地方成林的落羽杉，每年秋冬及春天，都成為當地網拍、網美的景點。

大安森林公園的大生態池南側，一九九四年開園以來就種有成排的落羽杉，可惜並未種在水邊，加上有好幾棵樹因為死亡而空著樹穴，儘管秋天時葉子也會變色，但沒能成排，失去數大就是美的景緻；加上氣生根突

大安開園時就種植的落羽松

出地面，每年有不少遊客為了拍攝秋天變色的落羽杉時的畫面，卻常被氣生根絆倒而受傷，為此基金會在多年之前就打算重新打造「落羽杉大道」。

讓落羽杉長得更好

二〇二〇年秋天，就在大生態池水質全面改善，鳥島臭味問題解決之後，我和柳副執行長便積極思考是否重新啟動創會時董事們一直想做的大安林蔭大道計畫？於是請潘一如女士加快設計工作，以在池南打造一個溼地；然後沿著「杜鵑花心心」北側，做個蜿蜒鏤空的木棧道，讓遊客能從制高點觀賞鳥類，也能坐在棧道樹蔭下的椅子休息乘涼、賞花、賞景。因此，就在「杜鵑花心心」開幕展示杜鵑花和繡球花、薰衣草的時候，我們「落羽杉溼地」的工程也同時一併展開。

在工程期間，柳副、賴秘書長問我，我們打造溼地是為了落羽杉？還是還有其他目的？我說：「螢火蟲池、圳雖然也吸引蛙類、蜻蜓等水棲昆蟲前來，但水域數量仍不夠多！我們打造落羽杉溼地，就營造為蛙類、蜻蜓、豆娘、小型本土淡水魚類和龜類的棲地吧！所以「落

春夏之际的落羽杉

羽杉溼地」的營造，除了能讓開園以來就種在這裡的落羽杉長得更好之外，我們也在空樹穴中補植了許多棵大小不一的落羽杉及台灣原生的水柳、烏臼，並營造出彎曲，有水生植物繁生的環境，創造出適合台灣兩棲類、水棲昆蟲、龜類及小型淡水魚類生活的棲地。

為原生蛙類、龜類、水棲昆蟲及淡水魚打造的棲地

補植並營造原生生物水域環境

「落羽杉溼地」的工程從二〇二〇年十月起，一直到二〇二一年三月底完工；為了向市民朋友宣告我們為原生兩棲類、龜類、水棲昆蟲及淡水魚類營造棲地的用心，我們在栽種水生植物、濱岸植物和移放大肚魚、放螺之前，和二〇一四年營造螢火蟲棲地一樣，舉辦了一個百人「踩泥活動」！當賴秘書長把活動內容貼到基金會的網站時，不到一個小時，一百五十人

落羽杉溼地踩泥活動

參加的活動立刻額滿,只能在網路上告訴網友,必須在活動當天再到現場後補了!

二〇二〇年三月十三日「杜鵑花心心」仍聚滿賞花的人潮,下午一點半左右,柯市長前來和賞花的民眾致意,讚嘆「杜鵑花心心」的雅緻和創意;此時公園內早已聚滿野餐的人潮;公園處黃處長、基金會林董事長和我陪著柯市長在公園內走了一大圈,一起向市民致意,最後一起走到落羽杉溼地時,柯市長在民眾歡呼聲中和前來踩泥的兩百多位大、小朋友們合影;林董事長也同時向柯市長秉告:我們已建構好大生態池的水池過濾系統,水質變好了!鳥島填土,並種下誘蝶植物,臭味問題也解決了。這兩個問題是周邊里長曾多次向柯市長陳情,柯市長又請林董事長協助解決的難題!當時,我也向柯市長報告,「落羽杉溼地」除了讓原有的落羽杉長得更好,也是為了營造台灣原生蛙類、龜類、水棲昆蟲及魚類的棲地。

落羽杉溼地現況

持續打造
大安最大的亮點

　　「落羽杉溼地」的踩泥活動吸引兩、三百人參加,網路報名和現場報名的大、小朋友,擠滿了彎彎曲曲的水溝,大家手牽著手,踩得不亦樂乎!而在活動之前,大、小朋友們已分組在志工引導下作鳥類觀察和生態防蚊教學活動;

落羽杉溼地內的台灣萍蓬草

每一次在大安森林公園舉辦生態活動時,我們都會一併進行環境教育,而且每一次活動都不乏祖孫,父子、母女同堂,令人覺得十分溫馨!

在踩泥活動結束之後,我們在溼地周邊種了不少大安水蓑衣、花蓮澤蘭、台灣澤蘭、射干,也在水中種下水蠟燭、木賊、龍骨瓣莕菜、大葉田香,以及好幾個品系的鳶尾花;後來我們也放養了可以吃孑孓的大肚魚,以及川蜷及田螺;沒多久蜻蜓、豆娘來了,水黽也來了,還有許多種龍蝨等水棲昆蟲也來了,黑眶蟾蜍、貢德氏赤蛙的蝌蚪也出現了!可見溼地的營造不只是為了落羽杉、水柳,同時也為蛙類、魚類創造棲地,為其他原生動植物開啟了另一扇窗!

三角蜻蜓(陳洲男/攝)

公園不是家鵝、家鴨生活的地方

然而比較令人煩心的是,公園內某短工所飼養的兩鵝一鴨也在施工中及完工後,出沒溼地之中;一早到溼地常看到水濁濁的,栽種不久的水生植物被啄得東倒西歪。公園是野鳥及野生動物棲息的地方,

本來就不應該是家鵝、家鴨活動的場所；況且這兩種動物如和遊客近距離接觸，或遊客就近丟食物餵飼，就會汙染水源，也很可能會被傳播禽流感。禽流感是人禽共通的疾病，嚴重是會致命的。二〇一九年、二〇二〇年，雲林縣先後就有上萬隻鵝，就是因為感染禽流感而先後遭到全場撲殺。二〇二一年清華大學及中正大學的生態池中的天鵝，也因感染禽流感而死亡。這兩鵝一鴨卻由於公園內有所謂「愛鵝人士」的護衛，連駐衛警及公園處都莫可奈何；諷刺的是市府才公開宣示六月份起擬對公園內餵養動物行為祭出一千二百至六千元的罰款！

基金會沒有公權力，對於兩鵝一鴨在剛完工「落羽杉溼地」的破壞行為，說實在，我們的確無計可施，無可奈何！二〇二一年，我們的水生植物因鵝、鴨啄食，已栽種第五次了，每天看池水濁濁的，我們實在擔心這裡能不能如願成為台灣原生水生動物的棲地？

「落羽杉溼地」從整地、施工，移植落羽杉、水柳、各式水生植物，營建木棧道的賞鳥平台，基金會大約花費了一千五百萬，如包括鳥島重建及建置大生態池造氧過濾設施，基金會已花費了兩千多萬，冬天落羽杉溼地展現蕭瑟之美。

我們擔心雙鵝的糞便汙染，也擔憂禽流感，期待兩鵝一鴨的問題能圓滿解決！二〇二一年十月初，公園處終於將兩隻鵝移往宜蘭的某民宿區，據悉牠們在當地生活得十分好，希望牠們能在當地陪伴遊客，但還是要注意禽流感的風險。如今，鵝一移走，各種水鳥又重返溼地，吸引不少遊客拿起手機、相機拍下牠們游水、互動及展翼的英姿，這裡也成為民眾活動及休憩的熱點！可是不久我們卻發現水又變濁，原來又有市民把大鯉魚放生溼地之中，鯉魚覓食時會啄土並翻動底泥，如今志工防不勝防，一發現，志工們便張網追捕再丟進大生態池中，十分辛苦！這些溼地是為了吸引自然界的原生生物前來棲息的，拜託大家別再放生了！

落羽杉溼地內的鳶尾花

　　未來，我們還會在大生態池及周邊綠美化，目前在鳥友們的協助下，我們已在兩個鳥島上營造好翠鳥的人工棲地，而且未來還會有更大的賞鳥平台及各式台灣原生花草及水生、水邊植物栽種；希望有一天，大生態池能成為台北的莫內花園，成為大安森林公園內最大的亮點！●

11

不可能的任務
大安森林公園復育螢火蟲

未拆遷前的大安森林公園有一大片眷村，當時眷村內散見小水塘，每到春夏之際總會出現少量紛飛的黃緣螢；但建成大安森林公園之後，螢火蟲棲地消失了，所以螢火蟲也不見了！可見要破壞一個螢火蟲棲息地實在太容易了，只要把挖土機開進來，鏟掉棲地，鋪上水泥、步道，往往不要半天、一天的功夫，立刻讓原有螢火蟲棲息的地方，完全消失！所以，在遷建二十四年後要重建螢火蟲的棲地，不但要花費不少人力和經費，而且還不一定能夠成功。其實，以螢火蟲復育聞名的日本，在復育螢火蟲過程中，也曾有不少失敗的經驗，大安森林公園果真能成功復育出黃緣螢嗎？

都市的螢火蟲去哪兒？

　　七〇年代居住在眷村的朋友告訴我，當時眷村內還有散落的水池、小沼澤，晚春還能看到零星的螢火蟲飛舞，由他們的描述，那些應該都是黃緣螢。但其中有位民國四十多年就居住在建國南路和平東路一帶的陳姓民眾告訴我，當時大安區內還有許多農田和荒地，除了看到小螢火蟲（指的是黃緣螢），在草坡之間還會有大一點的螢火蟲飛舞，而且也有些「個頭」還滿大的！我推測那些應該是幼蟲陸生的台灣窗

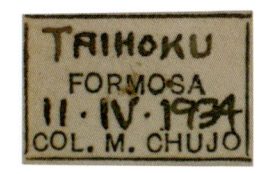

台北州黃緣螢紀錄

螢之類的螢火蟲！如今，由於都市的開發建設，一棟棟房子蓋起來，以及路燈普設，這些區域的螢火蟲全都被迫遷居到台北郊山——四獸山、木柵山區；換言之，現在的台北郊山已成為這些曾經生活在台北盆地螢火蟲的「避難所」了！

時任博士後研究員的吳加雄博士返回母系標本館查驗往昔此基地是否有採集到黃緣螢的記錄？吳博士回報在台大標本館內有一九三〇年代採自「台北州」的黃緣螢標本，所以基金會決定以黃緣螢復育作為大安森林公園塘沼生態池建構的指標物種。

當時，台大的舟山路農場每年仍可發現少量的黃緣螢和窗螢，而現在的螢橋國中附近過去之所以被稱為螢橋，乃往昔這一帶水田多，溼地多，水生螢火蟲也相當多之故；但如無標本佐證，較難服眾。所以，團隊決定進行復育後，才會特地前往台大昆蟲館找標本佐證。換言之，大安森林公園之友基金會之所以會在開發後二十四年復育黃緣螢，是因為往昔這種水生的螢火蟲曾大量出現在這個地區，而這也就是會選擇黃緣螢作為復育標的的主要原因。

心中有大大的願景

　　其實，當初郭老師提出在大安森林公園營造北部地區塘沼生態系時，我和其他董事、監察人一樣，十分贊同，但當蔡建生董事提出要像永建一樣，復育黃緣螢時，我反倒是有些猶豫，原因是大安森林公園的條件不像永建、木柵那麼好，那裡有高大林木，又靠近山邊；相反的，這個公園每天大約有一萬人進出，四周光害十分嚴重；加上池沼四周太亮、太空曠，不夠隱密。後來之所以會在董事監察人會議上答應大家試試看，是有一次我徜徉大生態池時，看見不少輪椅族的老人家在欣賞白鷺展翅及育雛時，臉上泛起開心笑容的神情，心想：「這

些老人家已不太可能上郊山賞螢,如果能把黃緣螢重新帶回來,讓行動不方便的輪椅族,或年紀大的老人家,也能重溫年幼、年輕時代賞螢的樂趣,不是件很棒的事嗎?」而這也讓我想起有位日本朋友曾告訴我:「在日本東京的椿山莊,夏天時徜徉在大飯店的環水庭園,就連穿西裝、穿高跟鞋走在庭園中的步道上,也能欣賞到螢火蟲。」如果我們能在大安森林公園內,把生態池也打造出類似的環境,豈不是也有機會讓坐捷運來的民眾,包括輪椅族的朋友,甚至西裝筆挺的紳士及打扮入時的淑女,也都有機會在公園步道間欣賞到螢火蟲?

2025 螢火蟲季盛況

大安森林公園之友基金會在成立之後，便積極引進國內外專家協助診斷樹木健康和修樹，同時也進行「生態防蚊」工作；由於成果不錯，台北市政府主動提出：「要不要在公園內進行分區認養？」認養公園如果包括設施的營建和每年持續維護，需要大筆經費；就以基金會邀請日本樹木醫，新加坡、香港及美國樹藝師前來，及舉辦大型樹木保護研討會來說，早已花費基金會數以千萬計的經費，所以，如光靠企業界所認捐的五百萬基金孳息，是絕對不夠支付的。

　　「認養」公園茲事體大，所以在蔡建生董事之提議下，林董事長召集所有董事監察人聚在一起開會。會中有人提到是不是從認養大生態池，打掉水泥底，重新用生態工程方式來營建大池，並改善公園整體環境開始？但是在那一次的會議中，大家決定還是放棄，一則是現有遊客太多，池子也實在太大了，如把水泥底打掉，以生態工法重建，全面施工可能要花費一、兩億的經費和冗長的時間；再說打掉滯洪池可能也違反政府水土保持規定，所以認養大生態池之提議，也就暫時擱置下來！

　　後來在我的建議下，基金會考慮從生態池南側旁邊的小生態池擴

建先做起；這個小生態池是以前公園舉辦花展時所挖出來的人工池，當時池子只有三十多坪；未施作前，小池中還有草魚、錦鯉、大肚魚；經過大夥兒商討之後，郭老師提議，是不是就以恢復台灣北部池沼生態系為藍圖，邀請潘一如設計師，匯集大家的意見，把設計圖畫出來；而且當時大家的共識是在池子底下做「雨撲滿」，上方鋪透水瀝青，好留下滲入的雨水；然後再藉著省電的小馬達抽水循環，也預留溢水裝置，把溢滿的雨水，排到回收雨水的水溝之中。

構築小生態湖

第一期工程是利用公園處曾在大安森林公園舉辦花展所遺留下來的小型生態池開挖擴建的，約只有三、四十坪大的空間。做法如下：

雨撲滿

挖開水池鋪上黏土防漏

1. 調查原棲地現有林木種類及株數,以儘量不移大樹的方式保留棲地大部分原貌。

2. 擴挖水池面積為三百坪左右。

3. 分大、小兩池,為防滲漏,採三十公分厚黏土覆岸,一百公分厚黏土鋪底,兩者皆以挖泥機入池拍打密實,再採手工拍打鋪岸及人工踩踏池底,形成牛踏層;而為了栽種水生植物在岸邊及池底分別鋪上三十公分及五十公分花土。

4. 兩池間鋪設透水瀝青,下置可裝五十公噸水的雨撲滿,留下雨水;每天只要抽出雨撲滿的水,循環製造水流,便可增加水中溶氧。

5. 在池中擺放巨石和公園伐除之巨木,提供鳥類、烏龜、蛙類和其他昆蟲棲息。種植台灣原生的水生及濱岸植物。

螢火蟲復育一期周遭林木

PART 2　　大安森林公園
　　　　　復育記

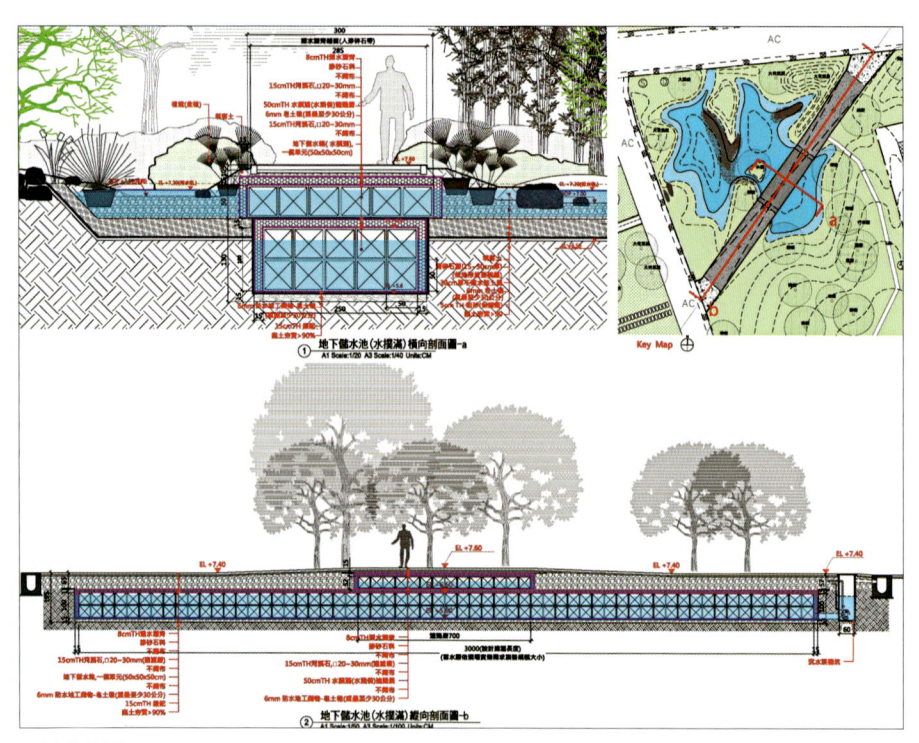

雨撲滿結構圖

　　黃緣螢在過去大安眷村時代及台北盆地是早就存在的螢火蟲，但做成公園時棲地卻完全消失了，所以大安森林公園黃緣螢復育，基金會是從無到有，重新營造棲地而復育成功的。

　　由於有了永建生態園區營造池沼的經驗，大家決定捨棄景觀造池鋪設皂土氈之方式，改用我提出使用黏土厚塗底部及周邊；負責工程

螢火蟲復育一期水生及濱岸植物調查與規畫

栽種濱岸及水生植物

移植台灣原生植物

PART 2　　大安森林公園
　　　　　復育記

業務的柳春堂副執行長有長年營建豪宅景觀的豐富經驗,他依設計圖施工,找來相當多黏土親自施作、監工;另外,他和郭老師找到原生植物達人余有終及荒野保護協會的陳德鴻兩位先生,蒐集螢火蟲團隊及郭老師所開出台灣原生水生及濱岸植物名單近四十種,其中也包括誘蝶和誘鳥植物。圍籬施作塘沼工程約三個月就完工,分左右兩池;中央的走道是用透水瀝青貫穿,使雨水能直接滲入雨撲滿中,下方共設置了三個可裝五十噸水的雨撲滿。工程過程中,城孟兄、文亮兄和我不時前往現場和柳副、余先生及潘一如小姐溝通;到了二〇一五年十月間完成時,水生植物及濱岸植物已逐漸茁壯。但由於栽植水生植物時,附著浮萍,不久池面幾乎長滿浮萍,也夾雜混入的福壽螺和其所產下的粉紅色的卵塊,讓人體會到要營造一個水域棲地,的確不容易!但更出人意料之外的,卻是在工地圍籬拆下的第三天,就有市民把家裡不想飼養的水族魚類,包括小錦鯉、慈鯛科魚類及孔雀魚倒入生態池中!還好,柳副執行長發現得早,立刻放乾池水,把一隻隻小魚從水中撈了出來!可是令人頭痛的是,隨意放生問題,竟成為生態池後續經營管理上的大麻煩!

　　在營建好生態池不久,柳副執行長和加雄把引自永建及木柵公園

附近水溝塘沼的田螺和川蜷三、四百個陸續放進生態池中飼養；大約一個月左右，當水中石頭上出現小田螺時，我和加雄把在台大昆蟲保育研究室所繁衍出來的黃緣螢幼蟲約七、八十隻放進池中試養，並用網袋觀察幼蟲適應狀況。這些螢火蟲的成蟲採自永建及木柵附近，在我台大昆蟲保育研究室內配對繁殖，只要幼蟲長到三至五齡（大約四個月至半年），就可放歸野外。由於小生態池剛做好，雖池沼生態系已趨穩定，但還是需要先作試驗，以觀察黃緣螢幼蟲是不是能適應剛營造好的水體生活。其實，類似復育行動，我早在一九九六年、一九九七年就在台大生態園及虎山溪做過，都滿成功的，況且在二○一三年永建生態園區，也順利用這種方式復育成功。

剛完成的小生態池　　　　　　　完工三個月後的小生態池

然而一項復育工程如果能有更多的民眾參與，不但能凝聚共識，對日後棲地的維護，也比較能永續下去。所以，不管是永建、木柵，或是大安，我們的一貫做法是培訓志工；除透過基金會網路傳遞訊息之外，我們積極並連絡當地學校及里辦公室，告知大家基金會有螢火蟲環境教育課程和活動，歡迎市民及大、小朋友們參加。所以，如往昔一樣，如果要進行幼蟲野放活動，我們會先在會場設置好幾個攤位為參與民眾解說，讓大家認識螢火蟲的棲地、共棲動植物、食物及螢火蟲成長過程。最後，再藉大家的雙手，把我們所繁殖出來的幼蟲，一隻隻放進水中。

霸王寒流的考驗

　　二○一六年一月二十三日是全台灣最冷的一天，因為當天「霸王寒流」來襲，但野放黃緣螢幼蟲的時程已訂，我決定就不再改期；可是在前一天，當部分媒體得知我們要在大安森林公園野放螢火蟲幼蟲時，就有網友透過網路謾罵，有的甚至說我們是在大安做「螢火蟲之墓」，把我們從數月前棲地營造和舉辦三場大型螢火蟲環境教育活動歷程的艱辛，一筆抹殺；甚至也有網友批評台北市政府，亂花納稅人

的錢,這些民眾完全沒搞清楚狀況就又酸又罵,把我們所做的棲地重建工程,及三次每次都有兩、三百人參加的大型環境教育活動全都抹殺!而且我們不但沒花費台北市政府半毛錢,竟也亂罵一通。因為所有整建及活動費用全都由基金會董事長林敏雄先生捐助的。所以一月二十二日晚上加雄問我如何處理網路上這些非理性問題?我說:「我們還是不能生氣!我們要一一委婉地回覆,把過去我們在大安營造棲地所做的過程,仔細向『熱心』的網友們說明,也歡迎他們來現場看看我們所營造的棲地,歡迎大家一起來參與我們復育的工作!」坦白說碰到這種非理性的批評,心裡是特別難過和心酸,但我還是忍了下來!

「以直對直」面對前來找碴的

二〇一六年一月二十三日早上,溫度很低,只有攝氏十來度,天還下著毛毛細雨,但音樂台下的綠化教室擠滿了人,由永康國際商圈協會李慶隆理事長熱心找來的附近學校同學和家長,個個洋溢著愉快的心情,在聽完加雄短短螢火蟲解說之後,便由志工們帶向池邊,人手一瓶一隻幼蟲,井然有序地放進池中;有很多小朋友及大人從來沒

小朋友親手野放黃緣螢幼蟲

看過螢火蟲幼蟲,大家覺得十分新奇。當天我們本來擬放兩百隻,但天冷我臨時減為八十多隻;野放前,我們安排了金華國小的小朋友朗誦一段野放螢火蟲幼蟲的祝禱詞,再作黃緣螢幼蟲野放活動。這時候,某電視台的記者似乎有備而來,故意把麥克風堵到我的嘴邊,問我螢火蟲幼蟲最適合的生長溫度為何?我以研究室飼養的數據坦白告訴他們:「攝氏二十至二十五度之間,但大家不用擔心池中這種十四、五度的水溫,牠們對短暫的寒流還是能適應的!」我也舉陽明山區每年都會出現的黃緣螢告訴兩位年輕的記者:「陽明山每年都會碰到大寒流,甚至下雪,但竹子湖一帶的黃緣螢,並沒有因此而消失!」對於這種故意來找碴的媒體,我也只能「以直對直」!批評容易,做事難!心想:為什麼總是有些人要花時間製作打擊人家士氣的負面新聞?

隔了一個禮拜,我們把剩下一百二十隻左右的幼蟲,仍藉由市民

參與的方式,再讓大小朋友們持續野放進營造好的生態池中。此一事件我們沒想到,即使我們舉辦過三次大型螢火蟲環境教育活動,包括認識螢火蟲、棲地解說及放螺活動,每次都有兩、三百人參加,真正要放螢火蟲幼蟲進入營造好的棲地時,還會引起一些無謂的質疑及部分網民的酸言酸語,令人唏噓!

我告訴自己及學生:做了就必須成功!

　　加雄和我的學生、許多志工對於認真做事還被嚴厲批評,表示有些不服氣,我安慰他們這都只是過程,我們必須用更審慎態度照顧好棲地,好讓這批幼蟲能順利化蛹、羽化。於是在黃緣螢幼蟲野放第二天,我便分配志工及研究室的學生作棲地巡護及螢火蟲幼蟲監測工作;當時我住在金山南路東門市場旁的台大宿舍,離公園很近,只要有空,我便在棲地巡視,而柳副執行長及余有終先生則經常在棲地守護著;每天我看見他們兩人如不是修剪枯萎的枝葉,就是拿著網子撈取似乎撈不完的浮萍,和撿拾福壽螺及附在水中植物上的卵塊!其實這也是許多新建生態池一定會碰到的問題。因為新挖好的池子,池邊植物都會使用稍過量的有機肥,這些肥料一旦經雨水攜帶進入水中,便會造

成浮萍增生;至於福壽螺,大概是在栽種水生植物時,不小心把混附在植栽上的小螺帶進池內長大的。

在二〇一六年一月至四月守護螢火蟲棲地的日子裡,每天我一到池邊,如發現有市民對著生態池好奇張望,便客串起解說員,告訴大家我們正做黃緣螢的復育;大多數市民對於基金會在這裡復育黃緣螢,幾乎都抱持著肯定的態度;當然也有人持疑反問:「有可能嗎?燈這麼亮,人又這麼多!」其實大家的持疑和我當初想法一樣,因為在大安森林公園復育螢火蟲實在不容易做!但我告訴自己和學生:「既然做了,就必須成功!」

打造螢火蟲路燈

起心動念非常單純,但在董監事會議上建生兄和我則拜託基金會中億光電子的代表董事簡文秀女士——董事長夫人,希望他們的工程師能繼製作出螢火蟲筆燈之後,再為大安森林公園做出更大盞的螢火蟲路燈!簡文秀教授是國內知名聲樂家,也是非常熱心公益的基金會董事;在她的協助下,億光的工程師和我們有合作製作螢火蟲筆燈的

公園裡橘紅色的螢火蟲路燈

PART 2　　　大安森林公園
　　　　　　復育記

螢火蟲路燈和黃緣螢微光

經驗,但製作大型螢火蟲路燈會是另一項挑戰。所以,就在生態池做好了之後,二〇一五年十一月份,億光電子的工程師便在池子四周架設了四盞夜間展現橘紅色燈光的螢火蟲路燈;一般路燈,在燈光照射下,螢火蟲會離光而去,但在這種波長五九〇奈米的特殊光譜之下,螢火蟲仍能照樣飛行活動,不會影響作息!衷心感謝億光 LED 燈工程師團隊,為台灣製作出全世界第一盞螢火蟲路燈!

黃緣螢出現在大安森林公園

　　四月一日是愚人節，但在二〇一六年的這一天晚上六點四十五分左右，我如往常一樣在巡視生態池時，在透水瀝青步道南側水池樹頭上，我發現一隻閃閃發光的雌螢，當時我興奮地大叫：「哇，出來了！」把積鬱心中的悶氣一吐而出，這時候眼淚竟然不自主地掉了下來！不久，我又在北側的大池子旁邊，發現另一隻躲在野薑花基部的雄螢；這批歷經寒流洗禮的幼蟲，終於成功化蛹，羽化了！

　　之後將近一個月，我和研究室的學生幾乎天天守在池邊，為路過的市民朋友解說；看到大家半信半疑的表情，以及民眾看到螢火蟲那剎那間的感動和笑容，令人開心！但最讓我欣慰的是不少輪椅族的朋友，在聽到大安森林公園出現螢火蟲，便由傭人或家人推來池邊欣賞。而在短短一個月的解說中，我才知道，原來生活在大台北地區的朋友，竟然有不少人是人生第一

螢火蟲季告示牌

次看到螢火蟲！當然，我也看到穿西裝，打著領帶和穿高跟鞋的朋友，前來池邊欣賞螢火蟲！有趣的是，他們之中有些人是剛從國外回來，從網路及媒體報導得知螢訊，才放下行李，便迫不及待趕到大安森林公園來看螢火蟲！大安森林公園真的成功復育出黃緣螢了！真是令人開心，我們終於完成不可能的任務！

12

永建生態園區和大安森林公園的螢火蟲生態復育

生態復育是針對受損的生態系，以人為方式，且儘量採用生態工法加以修復，使棲地能恢復原來的樣貌，或成為較為理想的狀態，讓往昔共棲的動植物能重新回來生長、棲息、活動。

所以，以水棲螢火蟲生態復育來說，主角雖然是螢火蟲，但所要恢復的是和螢火蟲所共棲的環境，包括水域棲地、水生植物、濱岸植物，並吸引其他共棲的動物，例如魚、蝦、貝、螺、其他水棲昆蟲及蛙類……等，進入復育環境中生長、棲息生活。

是故，包括水源的水質和來源，往往是能否復育成功的關鍵，也就是說水質是否乾淨，水源是否源源不斷，以及池、溝底部是否能保住水，而不至於滲漏，就直接影響生態復育的成效。另外，即使野放螢火蟲復育成功，之後棲地是否能持續經營管理，包括水域、水岸植生定期修剪、維護，水池、水溝是否會逐年淤積及清淤，和水質是否劣化，還包括是否有外來種干擾，也都會影響復育的成敗。

所以由永建及大安同樣是復育黃緣螢的案例，前者是為了挽救棲有黃緣螢幼蟲之馬明潭古溼地而進行復育；並就生態補償新掘螢火蟲

之池溝復育。而後者則是擴建原有小生態池,把消失於大安森林公園的黃緣螢,藉著營造水域環境及栽種濱岸和水中植物重塑環境;再由永建引進蟲源,重新復育,兩者之因緣及動機略有不同。

不只為了螢火蟲

如今,這兩個地方,共同點是不但都讓螢火蟲繁衍下來,每年分別在兩個地方舉辦賞螢及溼地環境教育;其他共棲的動、植物也都回來了!像蛙類、龜類、小型爬蟲類和蜻蜓、豆娘等其他昆蟲,全都出現了!而所栽種的植物和其他野生植物也逐漸出現在這兩個園區,形成穩定的生態系。所不同的是,由於永建螢火蟲復育區位於仙跡岩北側,也保護住當地原有的幼蟲陸棲型螢火蟲和松鼠、鼬獾、白鼻心、穿山甲等哺乳類動物,當然那裡還出現大安森林公園所沒有的多種蛇類。

然而生態復育是否成功,還要持續進行經營管理,所以像復育區植物的修剪、清淤、防除外來種入侵⋯⋯都是每週例行工作。其實物種的復育簡單,但棲地的永續經營和維護,則是長遠的工作。如今,

綠胸晏蜓

金斑蝶

紅冠水雞

小白鷺

風箱樹的花

永建生態園區已由台北市學校環境教育中心負責經營管理，每年螢火蟲數量監測及清淤工作，仍由大安森林公園之友基金會和元利建設公司投入人力和經費預算協助。而大安森林公園每年的螢火蟲季仍持續進行，棲地的維護和經營管理也由基金會永續進行；期待這兩個生態復育的成功經驗能提供各界參考，也希望有心的企業，在企業回饋社會，及 SDGs 下也能加入生態復育的工作，讓台灣各地的生態環境越來越好！●

PART 3

生態回來了,然後呢?
後續管理與經營篇

13

都市啄木鳥
環教計畫

大安森林公園之友基金會認養大安之後，樹木健康診斷、修樹，生態防蚊及生態池溝棲地重建復育螢火蟲等三項工作，便成為年度最重要的任務。以樹木健康診斷來說，在台日專家合作下，我們已經找出大安森林公園樹木長得不夠好，不夠粗壯的原因，所以每認養一個區塊，都會進行土壤改良及重新建構該區塊的排水系統；為了都市林木的健康安全，就在二〇一四年舉辦「樹木保護國際研討會」，延聘日本樹木醫及美國、香港、新加坡樹藝師、攀樹師進入大安進行樹木診斷、修樹；並在二〇二〇年及二〇二一年舉辦兩屆大安森林公園修樹示範觀摩大賽。二〇一五年至二〇二四年，則在公園內所有認養區域，落實林木栽植、更新、排水及施肥的工作。

都市啄木鳥專班

從二○一七年起，為了使民眾能更瞭解公園林木生長健康狀況，以及如何診斷林木健康，如何修剪？並探討影響林木生長之土壤、生理和病蟲害等因素，也先後聘請台日學者，開授「都市啄木鳥計畫」環境教育推廣課程。

啄木鳥環境教育課程

為什麼取樹木環教課程「啄木鳥」的名稱呢？主要是啄木鳥能從林木中啄出為害樹木之害蟲，使樹木生長重現生機；而經培訓出來的志工就像啄木鳥一樣，可在公園內協助巡察樹木生長狀況，遇危木也能幫忙通報相關主管單位，以採取必要措施。

其實，儘管這是環境教育課程，但由於多數民眾大多沒有樹木健康管理、樹木風險評估、危木通報處理及正確修剪知識；如果能經由學者專家上課，並進行公園實務觀察和實習、實做，再經授證，這些人便能成為台北市，甚至其他縣市都市林風險管理的小幫手。

種樹先整地做好排水系統

2024 康芮颱風前修樹

　　由於啄木鳥課程內容十分吸引人，經基金會網站披露，名額也可以用秒殺形容。所以從二〇一七年至二〇二一年，大安的「都市啄木鳥計畫」環境教育推廣課程，除了原來所推動的基礎班之外，二〇一八年起也增加了進階班；而上課內容也把土壤、氣象和氣候變遷等課程納入；這幾年來，這些由基金會所培訓的人才，更在二〇二〇年及二〇二一年兩次大安森林公園修樹觀摩大賽中，也加入裁判的行列，他們評審的分數，佔總成績的百分之三十。

里長修樹及防蚊專班

　　二〇二一年台灣各地仍發生不少行道樹，樹倒壓車、傷人事件，里長也常反映社區公園內林木病蟲害和修剪問題；是故，為了擴大服

修樹示範說明牌　　　　　　　　　　修樹比賽

務台北市民，我和柳副執行長及賴秘書長連袂前往台北市政府拜會民政局局長藍世聰先生，表達「都市啄木鳥計畫」願意特地為台北市里長、里幹事舉辦修樹專班；因為里長是區公所轄，也是民政局下的機構，儘管每年的啄木鳥計畫，雖有一部分大安周邊的里長會前來參加啄木鳥課程，但里長們的公務實在太多，參加情形不如預期，因此基金會乃主動出擊拜訪藍局長希望局長鼓勵里長、里幹事積極參訪。當天雙方相談甚歡，會議中局長也提到社區蚊蟲問題，於是在里長專班的課程中，我們特別加了生態防蚊的課程。

二〇二一年的里長專班，共舉辦了三個梯次，由於有室內及大安森林公園實做課程，參加的里長在 line 群組中表達他們收穫良多和

滿滿的謝意，令人感到十分欣慰！而我們也為里長們製作了有啄木鳥 Logo 的結業證書，讓里長們能掛在辦公室，以表彰他們是受過培訓，具有都市林管理的專業能力，也同時提醒他們時時守護社區公園內的林木和生態環境。

今後我們的「都市啄木鳥計畫」仍會持續舉辦下去，希望都市林及行道樹能更健康，民眾也更加安全，台北市各角落的景觀更為美麗，公園生態化的工作也能更進一步落實！●

修樹前後比較，修去多餘的枝節

14

原來杜鵑花展
可以辦得這麼美
「杜鵑花心心」

1948、1949 年間，台大園藝系杜賡甡教授把採自台北市六張犁山區的野生唐杜鵑移進台大校園內栽種，發現生長、開花狀況不錯，於是在1950年底又和事務組朱仲輝主任前往六張犁採集250株杜鵑花苗，廣植於校園內美化環境；每年一到春天，台大校園終於有較多的杜鵑花供師生欣賞，而種下台大之後成為杜鵑花城的遠因！

　　到了 1958、1959 年間，陽明山仰德大道進行道路拓寬工程，當時台灣省政府農林廳農試所士林園藝分所陽明山工作站楊紹溥主任接洽杜教授，詢問台大是否願意接手移植陽明山仰德大道的龍柏和杜鵑花、茶花？杜教授表示欣然接受，是故杜鵑花及茶花自此之後便廣種在台大椰林大道兩側。

　　歷經 1960、1970 年代，台大持續栽植、照護，所以每當杜鵑花盛開時，不知吸引多少師生及市民朋友連袂前來台大校園內賞花、拍照？台大也就成為名副其實的「杜鵑花城」！在當時，不少以校園為主題的散文、小說也常描述杜鵑花開的盛況，其中穿插年輕人的愛戀情愁，而「杜鵑花城」也就成了台大的代號。所以，每當我們有機會在台大漫步，欣賞杜鵑花時，實應感念杜教授等人當年篳路藍縷栽種杜鵑花，

和滿滿為花耕耘的那份愛心！

杜鵑花節

1997 年台大學生會副會長張凱鈞主辦第一屆「台大杜鵑花節」，這個活動，除號召全校師生賞花之外，其實也是藉此向國內學子行銷台大各個學系和社團；自此之後，每年的杜鵑花節便成為台大各系和社團的盛事，後來也成為台大大學博覽會的主軸。

其實，杜鵑花的栽種和杜鵑花節究竟該在每年何時舉辦，長久以來一直成為台大總務處和園藝學系教授間頭痛的問題，因為早辦了或晚辦了，會出現少花、無花可賞；還有如何為杜鵑花催花也成了園藝系花卉教授們的專業問題。感謝多年來總務處及園藝系花卉館李哖、張育森及葉德銘三位教授的努力和奉獻；而病蟲害防治及土壤改良，則要感謝植微、昆蟲及農化相關教授們的協助；可見台大之能成為「杜鵑花城」，並非一朝一夕之間就能造就出來的。

從 1940 年代末期到現在，台大的杜鵑花也由少數種類像唐杜鵑，

杜鵑花文字

到現在校園內已有二十多個種類和品系，其中還包括台灣原生的金毛杜鵑、烏來杜鵑……，但數量最多的則是平戶杜鵑，包括雪白、粉白、豔紫及白琉球等多個品系。現在台大園藝系也會在每年的杜鵑花節，在園藝系館旁邊的小溫室內推出花展，展示各種杜鵑花的種類和品系。而校園內在這段期間，有不少師生，甚至市民也會撿拾掉落下來的花瓣，擺出愛心，或各種深具涵義的圖樣及文字，表達情意、創意及發想，莫不令人印象深刻！

基金會特別打造「杜鵑花心心」

大安森林公園多年來也栽植不少杜鵑花，2019、2020年更在音樂台周遭和捷運站 2 號出口栽種一大片杜鵑花，但效果不如預期，當時的黃淑如副處長現在已升任為處長，就曾多次和我商議，基金會可否在適當地方栽種一大片杜鵑花展示？為此，我找陳副及柳副兩位副執

行長積極商議，他們得知新北市金山的柳枝芳班長是台灣栽植杜鵑花的第一把手，依他們之見，如把杜鵑花移往山下栽種，可能會出現開花不整齊現象，不如先用租的，等花苞形成，即將開花後，再載下山展示；由於每年台北市的杜鵑花節都選在三月中之後才辦，而北部的杜鵑花其實是在二月中就開花，常會碰到杜鵑花節已屆杜鵑花開花末期，造成杜鵑節時杜鵑花已快凋謝完的窘境；這和台大在辦杜鵑花節的狀況類似，一旦選錯日子，會碰上杜鵑花節無花或花少的困境。但我們早已習慣「淡淡三月天杜鵑花開」那首歌，總以為台北的杜鵑花也是三月中才盛開；其實以台灣的環境來說，合歡山上野生杜鵑花是五月中、下旬才盛開，台北地區的杜鵑花大概在二月間就開花。也就是說台北市觀傳局這幾年推三月上、中旬開展的杜鵑花節，應往前移一、兩週，以二月中下旬或三月初為宜。

「杜鵑花心心」美不勝收

為了使杜鵑花季展示夠漂亮，我們選擇靠近大生態池，原想作「療癒庭園」那塊基地，敦請潘一如女士以同心圓玫瑰花瓣形狀「杜鵑花心心」為題，精心設計，並搭配施工中的「落羽松溼地」木棧道，使

盛開的杜鵑花

原來杜鵑花展可以辦得這麼美
「杜鵑花心心」

杜鵑花心心

PART 3　　生態回來了，然後呢？
　　　　　後續管理與經營篇

大生態池周遭的生態環境能連結起來。

由於「杜鵑花心心」的設計是以兩棵經修剪的榕樹和芒果樹作為軸心的高點,所以從公園內路面開始,由低而高,盤旋而上,像一朵綻放的玫瑰。從 2021 年農曆過年前夕,我們把從金山租來的一千盆杜鵑花,加上宸鴻電子江朝瑞董事長無償借給基金會展示之二十五大盆十五年生的杜鵑花盆栽,把「杜鵑花心心」大展場,妝點得美侖美奐!

2022 年杜鵑花節同樣精彩

2021 年冬天,我們為了減少往返運送,決定把已經長得更大的杜鵑花盆栽,買下 400 盆,種在「杜鵑花心心」的展區,而這裡就成為基金會所認養的杜鵑花區!因為每年往返金山、大安,雖花期穩定,但較不符生態、環保和碳足跡理念,而且柳班長也要把租金和運費提高,我們和幾位董事及兩位副執行長商量之後,才作此決策!現在,我們同時規畫好合作的經營管理團隊,屆時遊客多時,我們的志工又有得忙了!您願意加入我們為大安森林公園杜鵑花耕耘的行列嗎?

2022 年 1 月上旬，「杜鵑花心心」的整地工程持續進行，工程人員正挖開土方，添上細砂、堆肥，並做好排水設施，量測土壤 pH 值，都通過檢驗並做好準備工作後，中、下旬我們把 400 盆漂亮的杜鵑花買斷種下，並在旁邊種下兩千棵大家所喜愛的繡球花，當然 2022 年農曆過年前，「杜鵑花心心」又會變得和 2021 年一樣漂亮！

由於新種的杜鵑花需專業團隊經營管理，2022 年 2 月上旬，在陳副及柳副執行長的監工下，管理團隊把土壤重新配置，也放進肥料，調節土壤 pH 值，做好滴灌及排水系統才把 400 棵杜鵑花種下。為了防範遊客踐踏，我們在周圍作了白色木板圍籬，並依 2021 年熱門拍照點，設置網美拍照點。然後在南側種下兩千棵四個品系的繡球花，把杜鵑花心心妝點得美輪美奐，2022 年 2 月 15 日開放時，遊客十分驚豔！所以在 2022 年杜鵑花季時，「杜鵑花心心」人潮不斷，歡笑聲到處洋溢著。

2023 年十二月至二月，台北氣溫相當低，杜鵑花在二月中旬只開了三成左右；但一月底，我們在南側種下兩千棵四個品系的繡球花，正綻放中，所以 2 月 17 日正式開放以來，一直到三月底已吸引更多的遊客駐足、拍攝，處處都是歡笑聲。

杜鵑花節人潮

原來杜鵑花展可以辦得這麼美
「杜鵑花心心」

2024 杜鵑花季

2022 年種下的 400 棵杜鵑花和 2021 年盆栽的杜鵑花一樣嬌豔動人，而 2023 年在 2000 棵繡球花襯托下，這些被種下來的杜鵑花會開到三月下旬，每天只要天氣晴朗，人潮依舊不斷！而 2023 年和往年所不同的是除近郊遊客之外，更吸引一輛輛的遊覽車，載著一波波人潮來賞花！很多遊客在網路留言：「大安森林公園的「杜鵑花心心」已成為台北市新的景點！」如今，只要在網路上輸入大安森林公園杜鵑花季，您便能找到無數推崇文章和美美的照片、影片。

　　謝謝前來賞花的遊客，也感謝悉心服務的志工朋友們，我們正一起在大安森林公園內寫杜鵑花史⋯⋯●

15

難纏的入侵種
大安森林公園螯蝦殲滅記

二〇一六年大安森林公園之友基金會成功復育黃緣螢之後，在公園處的會議中，我建議市政府或許能在台北市榮星、大安及木柵三個公園內一起舉辦賞螢活動；是故，從二〇一七年起，每年四月中旬到五月初「螢火蟲季」的賞螢活動也就成為台北市都會公園重要活動。在賞螢期間，我們除發動志工解說之外，也有一群志工在入口處計算遊客人數，更有一群志工會在不同時間，於不同定點細數當晚出現的螢火蟲數目；每一年吳加雄博士就根據大家的數據，算出不同時間點出現在大安森林公園內的黃緣螢數量，以用來監測每年大安森林公園螢火蟲復育區螢火蟲出沒狀況，也精確算出賞螢人數。

　　然而歷經二〇一七年、二〇一八年、二〇一九年，我們的團隊察覺，黃緣螢的數量似乎未如預期增加，特別是二〇一九年甚至還有減少的現象；由於志工每週都會在池溝中清理水綿、落葉及枯枝，常會發現溝池內有螯蝦、泥鰍及鯰魚出現，這三種都是民眾棄養或放生的，但牠們都會捕食黃緣螢幼蟲；黃緣螢成蟲數量沒增加，我一直懷疑是這些捕食者干擾所造成；所以我和柳副執行長討論好多次，也要求他能帶志工們，在螢火蟲季過後之生態維護期間把水放乾，把螯蝦、泥鰍及鯰魚抓出來，也順便清理池中的福壽螺。

開始放水清除螯蝦等入侵物種

　　就在我們決定放乾圳溝及生態池水時,為我們監測水質的台大生工系任秀慧老師團隊在二〇一九年六月六日於第二生態池發現螯蝦蛻,剛開始我們原以為是美國螯蝦;六月十二日任教授團隊又抓到五隻幼蝦,確定生態池內可能有很多螯蝦出現;於是我和柳副商量,決定就在黃緣螢復育區進行放水。二〇一九年七月三日在許家銓先生會同志工協助下,我們共清出五百零二隻螯蝦,十多隻泥鰍,六隻鯰魚及兩水桶福壽螺,在當時本以為已一舉消滅螯蝦和入侵種福壽螺了!

　　可是七月二十三日任秀慧老師來電,確認我們一直認為的美國螯蝦,竟然是能行孤雌生殖的大理石紋螯蝦,這令大家覺得十分震驚!因為螯蝦如能行孤雌生殖,繁殖速度一定非常驚人!如不快一點抑制大理石紋螯蝦數量,必然會影響黃緣螢幼蟲的族群數量;所以在二〇二〇年一月我正式接執行長之後,除先把拜訪周邊里長、校長列為第一要務之外,我決定五月份辦完二〇二〇年螢火蟲季之後,要好好清除螢火蟲池、溝內的大理石紋螯蝦!

COLUMN

大理石紋螯蝦

大理石紋螯蝦（*Procambarus virginalis*）是唯一一種可以孤雌生殖的十足目（包含螃蟹、龍蝦、寄居蟹等）。

親屬關係最接近的是一種原產美國佛州的螯蝦（*Procambarus fallax*）。跟另外一種強勢入侵種，俗稱小龍蝦的克氏原螯蝦（*Procambarus clarkii*）關係也不遠。

唯一能追溯最早出現的起源是德國的寵物交易市場，但據當初販賣者的說法，真實來源不明。

碩大的大理石紋螯蝦

抱卵的大理石紋螯蝦

所以在家銓帶領志工清理池、圳時，撈捕大理石紋螯蝦便成為大家每週的例行工作；二〇二〇年七月二十七日賴素燕秘書長在基金會網站發佈圖文，呼籲民眾不要在大安森林公園內野放任何生物，並以大理石紋螯蝦為例，說出這種入侵種已引發大安森林公園復育區螢火蟲的危機。這篇圖文一出，共引起二百二十二次分享及八萬一千多個觸及數，可見此呼籲文已引起網友們的共鳴。二〇二〇年八月七日，清華大學魚類及水生物專家曾晴賢教授團隊聞訊主動和我們連絡，並派學生前來螢火蟲池、圳進行採集，他們也教導志工利用貓飼料放於蝦籠內誘捕螯蝦，沒想到光是在九月七日一天的誘捕數，竟然抓到四百二十八隻，這更是令大家憂心忡忡！

之後在基金會，大夥兒一起討論如何分派人力，分別在螢火蟲三期復育區及活水飛輪水域，從二〇二〇年十月十六日起，開始為期九個月的誘捕大理石紋螯蝦大奮戰；這段期間共誘捕九十次，總共捕獲一萬三千二百九十五隻大理石紋螯蝦，讓不少志工為之瞠目結舌！這些大理石紋螯蝦，由於會行孤雌生殖，除少數置放基金會水族箱飼養觀察，也進行螯蝦和黃緣螢幼蟲關係研究之外，大多數個體則予以快速冷凍，以提供作魚類及志工寵物飼料；另外，一部分死亡個體，則

作掩埋處理。在這九十次誘捕中，數量最少的，倒如二〇二一年六月四日之六十一隻，但數量多的，有多次達三、五百隻，可見大理石紋螯蝦正在池、圳中快速繁殖。

　　由於大理石紋螯蝦的禍害，經基金會網站傳播，引來許多電子及報章媒體紛紛來電關心。二〇二〇年十月二十五日，環境資訊協會也以「小心！大理石紋螯蝦來了」作了專題。二〇二〇年十月二十七日公共電視「我們的島」製作「外來種，大理石紋螯蝦來了」為主題，播出當日點閱達九萬多；二〇二〇年十一月六日聯合報、東森新聞及二〇二〇年十二月三日民視新聞和福衛電視台也分別來大安森林公園螢火蟲池作現場報導；二〇二一年大愛電視台青少年優質節目「妙博士的異想世界」也以「惡魔來了！強勢外來種──大理石紋螯蝦」為題，作了詳細報導。一時之間，入侵種任意野放公園干擾螢火蟲棲地的問題浮上檯面：竟然連台北市議員及立法委員也為此分別召開公聽會，希望政府及民眾能正視公園動物放生問題及外來種問題！因為在大安森林公園內，我們好不容易成功營造出螢火蟲棲地，復育螢火蟲，這幾年螢火蟲也陪伴著都市民眾度過美好的時光，但民眾任意放生行為，可能會把好不容易建立的池圳生態系全摧毀掉！

所以,在二〇二一年五月,當螢火蟲季結束,柳副、加雄和所有秘書室同仁立刻動員為池溝放水、清池作準備;由於時值疫情封園期間,我們依計畫動員志工,大約花了一個禮拜的時間,開始撈捕所有水中捕捉得到的蝌蚪、田螺及大肚魚等淡水魚,放養於落羽杉溼地;大型魚類,例如民眾放養長大的塘蝨魚、鯰魚和許多小泥鰍,則放養在大生態池中;當然還有一些小型米蝦之類,我們能撈就儘量撈,以免放水加苦茶粕防除螯蝦之後,這些小生命會因而遭殃。

　　在台灣民間,農民會使用生物性的苦茶粕清除福壽螺及美國螯蝦,所以在儘量清池,移除蝌蚪、大肚魚及各種魚蝦之後,我們在「活水飛輪」水域及三個螢火蟲池、圳放進一包包的苦茶粕;歷經一個多月三次處理,六月中我們撈獲不少大理石紋螯蝦的屍體,也捕獲一百四十三隻活螯蝦,顯示效果似乎不錯。之後,我們又連續兩週在蝦籠內放貓飼料誘捕大理石紋螯蝦,卻沒再誘捕到這些煩人的小動物;我們和志工十分欣喜,於是開始放乾水再抓看看還有沒有殘餘份子;沒想到大理石紋螯蝦實在太頑強了,結果在四個池圳中仍找到為數不多的個體,可見這種百大入侵種之所以惡,確有其道理!不得已下,我們又再放置苦茶粕再處理一次!因為如不清零,我們辛苦所放養繁

殖出的黃緣螢幼蟲,最後可能還是會被大理石紋螯蝦給競爭掉了!這一次,我們又處理了三個禮拜;同樣的,我們放置有貓飼料的蝦籠誘捕螯蝦,幸好我們在這些池溝內沒再抓到大理石紋螯蝦了!於是又放水清洗池子兩次,因為我們想清洗水中殘留苦茶粕的餘毒,以免即將放養的黃緣螢的幼蟲受到毒害,也同時留乾淨的水給蛙類和蜻蜓等水棲昆蟲。

池水處理好了之後,我們通知吳加雄博士進行黃緣螢幼蟲放養試驗,加雄是在紗網袋中放進幼蟲及牠所吃的食物——田螺肉,分別在四個池溝中放養三天;結果發現,螢火蟲幼蟲仍活得好好的,表示水中即使有微量苦茶粕液,也不會為害未來將放入的幼蟲。

回歸的烏龜

由於新放水後,水生植物已逐漸恢復生機,睡蓮、龍骨瓣莕菜、台灣萍蓬草、水車前……又開始展現生機,蛙類、烏龜避難後又回來了,許多蜻蜓和豆娘也出現了!池、圳間

生意盎然！我們已為秋天放養繁殖出來的黃緣螢預作準備。

清池前抓捕大理石紋螯蝦時，多數田螺已移往落羽杉溼地，柳副乃率同許家銓及志工遠赴宜蘭及桃園觀音兩地的野溪採集的田螺、川蜷及大肚魚，重新放養池、溝之中；田螺、川蜷是黃緣螢幼蟲的食物，大肚魚則會捕食水中的孑孓。為了確保所採回的田螺不會夾雜福壽螺，大夥兒在基金會仔細挑揀、過濾，程序十分繁複，因為大家最擔心的就是把福壽螺當成田螺放養池、圳之中；衷心感謝一群熱心志工的協助。

約莫一、兩週後，螢火蟲生態池及「活水飛輪」水域，水生植物逐漸恢復生機，蜻蜓、豆娘回來了，水黽也在水面上自在地悠游，大肚魚穿梭在龍骨瓣莕菜及台灣萍蓬草之間，嘓嘓的蛙聲也此起彼落，令人開心，也令人欣慰！我和柳副漫步大安森林公園池沼之間，討論何時放養黃緣螢幼蟲，讓二〇二二年四月份閃閃的螢火蟲重現大安森林公園。

可是就在二〇二一年八月十二日，當我和柳副如往常巡護綠廊大

花錫葉藤後，走到「活水飛輪」水域時，我開玩笑說：「柳副，在出水口摸摸看，還有沒有大理石紋螯蝦殘餘份子？」他笑著說：「已經清得很徹底啦，不可能啦！」

然而就在他掀起出水口蓋，彎下腰往水裡摸時，大呼：「不妙，我抓到了一隻！」這個出水口是他長期監測大理石紋螯蝦的重要熱點之一，之後，他努力地摸呀摸地，氣呼呼地說：「哎，真難撲滅！」這一次他共抓了三隻，這時候正好志工 Olivia 正在旁邊整理她的「野草園」，而家銓也在池沼中撈取水中的落葉，聞訊趕了過來！我拜託家銓：「重新啟動蝦籠在四個水域誘捕！」大理石紋螯蝦太頑強了！我想這

上岸逃生的大理石紋螯蝦

可能是當初有意、無意野放螯蝦的朋友所難想像的吧！隨意在公園和公共水域野放入侵外來種，不但影響水生螢火蟲的生機，也破壞原有的水域生態系的平衡，大理石紋螯蝦實在太難防除了！

二〇二一年八月十八日至九月二十三日,家銓又帶領志工開始在四個水域誘捕時,真的發現池、溝中的確還有殘餘個體;在十三次誘捕中他們在四個水域共捕獲了一百三十四隻,這讓大家十分頭痛,看來利用苦茶粕防治螯蝦雖然能造成大多數螯蝦死亡,但螯蝦有逃上岸及鑽進土中避難的方法,儘管大家卯足勁,還是撲滅不了螯蝦。

漁業署海漁基金會鼎力協助

　　正當大家頭痛萬分時,農委會漁業署海漁基金會得知大安森林公園水域有入侵種大理石紋螯蝦時,表示願意出來協助!記得數月之前,賴秘書長受邀參加農委會驅除外來種會議時,漁業署海漁基金會就和大安森林公園之友基金會有所接觸,也曾兩次派專家前來勘察;九月底公園處、漁業署和海漁基金會人員和代表,在大安森林公園之友基金會開了兩次會,十月四日兩基金會在三期螢火蟲池圍起木板,準備施放石灰粉,清除螯蝦;圍木板的目的是為了防止大理石紋螯蝦爬上岸逃逸。十月五日入夜開始作業,在三期灑進三十包石灰粉水液,並進行電擊作業;當晚清除了五十九隻螯蝦,十月六日上午巡場,在岸邊發現十八死五活個體,總共清除出八十二隻大理石紋螯蝦;如和八、

生石灰水法移除螯蝦　　　　　　電擊法移除螯蝦

九月份我們所誘捕的數量加總，光是三期水域總共清除了一百六十六隻個體；希望這一次利用石灰粉清除的方式，能把大理石紋螯蝦從三期水域清空！

　　二○二一年雙十國慶連假期間，我們開始圍起「活水飛輪」水域，由於這個水域面積比三期螢火蟲池大，海漁基金會在連假後翌日開始作業，同樣倒入飽和石灰水及電氣法並行，十月十二日共清除二六六隻大理石紋螯蝦；十月十三日巡場又發現二活體十三隻死掉的個體，兩天共移除二八一隻；可見利用苦茶粕的確難以根除螯蝦，而石灰水效果似乎不錯。

綜合上述紀錄，第一、二期生態池、圳處理時間為二〇二一年十月十九日及十一月九日；第三期生態池、圳處理時間分別為十月五日及十月二十六日。而活水飛輪水域則為十月十二日及十一月八日。所採取方式均為投放石灰水及電擊法；除處理第一次有發現大理石紋螯蝦外，第二次處理俱未發現；可見這種方式似乎已能根除大理石紋螯蝦。然而，儘管結果如此，我們在這四個水域作業完後，均經放水洗池二至三次，並調查池水酸鹼值，發現四個水域之酸鹼值均在六至七之間，足見洗池也使池水酸鹼值恢復正常。十一月二十日起，我們的志工群又以貓飼料放置蝦籠內誘捕螯蝦，但在四個水域俱未發現大理石紋螯蝦了。

圍起圍籬防螯蝦逃逸

電氣法電除螯蝦

利用石灰粉加水防除大理石紋螯蝦的原理是，石灰水呈鹼性，混入池水後酸鹼值可高達十四，如此鹼的水域螯蝦無法存活，來不及爬上岸的，會在水中致死；而爬上岸的如離水太久，也會死亡；岸邊的木板圍籬是防範螯蝦逃上岸邊、島上避難。

重建生態池圳食物鏈

　　完成大理石紋螯蝦殲滅戰之後，志工們在柳副執行長帶領下，一起再度前往桃園觀音附近水域採集田螺，準備放進這四個水域，並把當時移入落羽杉溼地之大肚魚撈回這四個水域，重建棲地；可見這種重現水域生態系的工作是相當的繁雜，也不是一蹴可幾的！民眾有心、無心野放大理石紋螯蝦，幾乎毀了螢火蟲棲地生態，但要重建水域生態系，我們已花費大半年的時程；還好，在基金會及合作的台北市動物園保育教育基金會基地的飼養池內，我們所飼養的黃緣螢幼蟲已成長在三至四齡，當二〇二一年十二月底，牠們已長至五齡時，我們辦了十個梯次野放幼蟲活動，已經藉著志工、市民及學校小朋友們的雙手，把黃緣螢幼蟲放回水域棲地，希望二〇二二年四、五月份，黃緣螢仍能在大安森林公園的棲地內持續發光，好帶給大家歡樂和喜悅。

補植並營造原生生物水域環境

十分感謝農委會漁業署、海漁基金會，也感謝柳副執行長及家銓默默帶領大安森林公園之友基金會的志工，無私地耕耘和奉獻，無盡感謝！

二〇二二年十二月份，我們所安排十個梯次，包括螢火蟲志工團及九個梯次台北市國小及幼稚園同學，利用校外教學的方式，把所飼養出來的黃緣螢幼蟲，藉由大、小朋友們的雙手，放進三個螢火蟲復育區，進行相當棒的環境教育活動。

二〇二二年三月十三日，我們重建生態系的第一期生態池出現第一隻黃緣螢，志工們十分開心！原本三月底才啟動的黃緣螢調查，提前開始，三月二十五日吳博所帶領的志工團隊已在三個生態池圳中發現四十二隻黃緣螢，看來二〇二二年的螢火蟲季一定精彩可期！其實之後二〇二二年、二〇二三年及二〇二四年，每年都有為數兩千多隻

的螢火蟲出現在我們的三個復育水域！黃緣螢仍熠熠出現在大安森林公園內，歡迎大家結伴來大安森林公園賞螢！

如今，志工仍週週守在生態池、圳旁邊，水生植物和濱岸植物欣欣向榮，我們期待黃緣螢每年持續在大安森林公園內為大、小市民朋友帶來快樂時光！●

16

全台最胖的松鼠在大安!

在寂靜的公園內，爬上爬下的松鼠，以及牠前腳捧著野果啃食的模樣，實在逗趣，也頗討人喜歡的！可是當牠們成群結隊周旋在人群中等著，或搶著遊客給的食物時，卻令人有些擔憂，擔心會不會一不小心咬到人，也擔心人畜共通疾病會不會因為彼此靠得太近而散播？

搶著食物吃的松鼠

還有，在公園內經常有一群人覺得拿著貓狗飼料或餅乾、麵包，逗餵這群小動物，以為這是暖心、愛心的表現，甚至認為這是在作善事，卻沒想到這種餵食行為，卻把大安森林公園的松鼠給餵胖了！也使得大安森林公園的鼠口數越來越多，並直、間接為害到公園內的林木，使隨風飄落的枝條，有時候會打到遊客，增加遊客行走在公園內時的安全危機！

遊客餵食行為

　　二〇一八年為了瞭解赤腹松鼠的族群數量，和牠們在公園內活動現況，基金會委託台北市立大學陳建志博士和他的研究生陳彥甫同學進行為期兩年的調查。這個研究每月進行兩次調查，針對公園內松鼠食性和行為詳實的觀察記錄；他們也放鼠籠誘捕，並作松鼠標放試驗，以估算大安森林公園內松鼠的數量。

　　令人意想不到的是，在二十六公頃大的大安森林公園裡，竟有五百三十七隻松鼠，密度可以說相當高；研究也發現，在公園內，松鼠除了磨牙會咬斷

松鼠撕裂樹皮

遭松鼠啃咬的苦楝樹

樹枝，傷害樹枝、樹幹外，經常性的啃食、撕裂樹皮，也造成公園林木直接危害，傷口則誘發真菌性病害感染，使得不少樹因此樹勢衰弱。另外，由多次修樹過程中，攀樹師及樹藝師也都發現，松鼠的確是大安森林公園許多林木大、小枝條和樹幹受傷的元兇，有時候只要風勢稍微大一點，受撕裂傷的樹枝會突然掉落，常令路過的遊客嚇一大跳！

松鼠正在吃遊客留下的水果

在該調查報告中也發現，大安森林公園內的松鼠竟然是全台灣最胖的，至於造成過胖的原因是遊客的餵食；通常遊客會用自己帶來、買來的食物誘引松鼠接近，而所謂「善心人士」則經常在公園內丟置貓、狗飼料，甚至丟放泡麵、水果；該報告也指出，公園內有許多不同餵飼松鼠的熱點，其中大生態池東側一排排長椅附近就是遊客餵飼的大熱點；這篇碩士論文發現，大安森林公園的松鼠，不但比台灣其他地區松鼠體重還要重，而且懷孕率也比較長，長達半年之久。在該研究報告中也提到、拍到，小販會在公園附近販售水果，

提供遊客購買餵飼。所以，一有遊客餵食之處，松鼠會一隻隻挨近遊客；而跟在松鼠後面的，則是成群的鴿子。至於松鼠、鴿子吃不完的食物，入夜之後，便成為鼠類的佳餚。所以陳教授和他的學生具體建議公園管理處和基金會是否能就遊客餵食行為，進行強力勸導，並建議市政府能採法律行動開罰。

嘜攔飼啊啦！

其實餵食松鼠、鴿子問題也普遍存在全台灣各地的公園；是故，基金會就此問題，除了發動志工穿上有標語的背心，全面走動勸導之外，也向公園處反映一定要嚴格執法；另外，基金會的小編也不定期在基金會網站發表圖文，結果引起不少網友的共鳴；之後甚至引發許多平面及電視媒體記者前來大安進行訪問和作專題報導，呼籲各界能正視公園內松鼠、鴿子的餵養問題。

二〇二一年五月上旬，台北市政府行文轄區各單位，對於公園內動物餵食行為，先進行宣導，並從六月起開始在各公園取締開罰，違者處一千二至六千元罰鍰；希望這種宣示行動能遏阻遊客的餵食行為；

當然，我們也期待台北市政府的禁止公園餵飼動物的活動，也都能影響到六都和其他縣市公園！

為了宣導公園不餵食，公園處和基金會已聯合周邊小學師生、企業界及志工，從二〇二二年五月中旬開始，每年擴大公園宣導不餵食的環境教育活動！

公園裡的松鼠實在太多、太胖了，拜託拜託大家：嘜擱飼啊啦！●

17

康芮和蘇迪勒颱風 vs 大安森林公園

二〇二四年十一月一日早上六點多,我突然接到台北市政府工務局公園路燈工程管理處青年所王淑雅主任的來電:「執行長,大安森林公園在康芮颱風之後,園區主要道路有不少路樹倒掉,能否請基金會早一點派樹藝師來協助?」電話那頭王主任的語氣十分焦急;接著他又擔心地說:「十一月二日就要舉辦『大安生態嘉年華』活動,還有接下來的『白晝之夜』,不知能否如期舉行?」

　　放下電話,我立刻打電話給基金會修樹專家陳鴻楷副執行長:「陳副,公園內的事態您大概已經瞭解,煩請召集所能動員的樹藝師團隊,儘早趕赴大安森林公園支援。」陳副表示:「我立刻動員顥與等團隊,帶好工具和工程車出動協助。」另一方面我也馬上打電話給柳副、賴秘書長等人即刻趕赴現場,也請大安森林公園最帥的男人許家銓召集短工和志工支援;另一方面也告知蔡建生常董,告知基金會動員協助的狀況。

巨木倒伏成路障

　　七點左右我搭捷運抵達大安森林公園,出二號門走近四號廁所,發現有棵大樹直接倒在大道上,再走往杜鵑花心心,兩側已有不少倒

2024 康芮颱風後

2024 康芮颱風後清理倒樹

颱風後樹倒成路障

PART 3　生態回來了，然後呢？
　　　　後續管理與經營篇

木和斷枝。再走向即將舉辦「大安生態嘉年華」的四號門和九號門，發現兩側的道路上各倒了兩棵大樹，而且全都橫躺在馬路上；這時心頭一想：明天十一月二日就要舉辦「生態嘉年華」活動，如今在園區內交通要道上橫躺了四棵巨木，園內倒樹、折枝也東倒西歪，慶祝基金會十週年的嘉年華會辦得成嗎？「白晝之夜」會不會也因此延期？

不久，捷運局團隊的電鋸大隊和公園處的團隊，以及所有樹藝師分頭在各個路障區域開始清路，工程車則把鋸完的樹幹、樹枝集中運往小舞台暫放；不到十點多，小舞台的樹枝堆得如小山般，一堆堆處處都是！不久橫在通道的倒木，也被一一鋸成段或小塊，有的暫放空曠的園區，有的立刻運走，所有通道不到十一點全面打通，支援的人員和基金會的人員都發揮極高的效率。而在此之前，柳副也帶著家銓和短工，在全區搬移倒枝，並帶志工一區區掃除落葉，撿拾斷掉的枝條。

林副市長前來勘災

十一點多林奕華副市長夥同文化局蔡詩萍局長一行人前來大安森林公園勘災，因為除了「生態嘉年華」外，「白晝之夜」也即將在大

安舉行。由於復原的速度相當快，所以副市長等決定「生態嘉年華」和「白晝之夜」仍維持原計畫十一月二日如期舉行；其實在林副市長沒到之前，基金會已努力暢通四至九號門和往和平東路的路障後，我們就已決定如期舉行，因為參與我們嘉年華活動的 NGO 組織有七十多個，攤位共一百攤，一旦延期舉行，後續時間及善後問題更多。所以當林副市長等決定「白晝之夜」如期舉行後，我們在大安森林公園的復原行動更加賣力！

下午兩點左右，公園內來了一群國軍，他們沒帶什麼工具，但一群年輕阿兵哥合力搬、用巨繩拉倒木、斷枝的勁兒，吸引不少園內的遊客和阿公、阿嬤的圍觀。

由於我們在路障即將打通時就決定「生態嘉年華」如期舉行，所以九點左右，基金會所委託廠商「創意思境」便開始舞台和攤商搭蓬的佈置，十點多也有少數幾家 NGO 進駐；還有不少 NGO 團體前來關心「生態嘉年華」是否會如期舉行？由於擬在公園內舉辦兩個大型活動，所以工務局局長、副局長、公燈處處長也前來關心，而王主任、副處長則幾乎成天坐鎮公園內；當然基金會的蔡建生常務董事和部分

董事監察人也前來關心，的確十分感謝！說實在，如果沒有基金會、公園處及前來支援的捷運局團隊和國軍部隊，我們實在很難想像隔天十一月二日就要在這個飽受颱風肆虐的公園舉辦兩個大型活動。

為了鳳頭蒼鷹築巢
沒修剪的樹木區幾乎全倒

這一次西南區接近和平東路和新生南路交叉口的鳳頭蒼鷹築巢區，由於台灣猛禽研究會擔心修樹會干擾鳳頭蒼鷹的築巢，堅持不讓團隊修樹，沒想到康芮颱風雖然只有十級風，但瞬間風速達十五級，此築巢區塊的大榕樹和黑板樹幾乎全倒；我數了一下，光此區就有十二棵大樹全倒；而附近廁所旁的數棵大榕樹，也全都倒趴在路上，為了遊客安全，在柳副和公園處協力下圈圍了起來；而陳副也派出所委託的樹藝師團隊利用電鋸和工程車處理兩天才打通路障。由於此區不影響兩個大型活動，所以打通路障之後，又大約花了一個禮拜左右才清空現場。

這一次南區和東區的榕樹區，修和少修、未修，在颱風來襲後真

2024 康芮颱風倒樹座標

　　的見真章！沒修的區塊，幾乎全倒；全區曾修過的，只有少數斷枝，少修的，也只有斷枝，未出現全倒的慘狀；可見公園林木和行道樹，每年都要檢觀，而且要作適度修剪！

　　比較起東區紅磚跑道的榕樹林帶和東區、東南區靠建國南路及和平東路的榕樹區，因為十年來都曾作適度修剪，所以在康芮颱風來襲時，幾乎沒受到什麼風害。

「生態嘉年華」和「白晝之夜」
終於順利舉行

　　由於十一月一日基金會和公園處青年所的人力及機具動員，我們清理了所有會影響「生態嘉年華」和「白晝之夜」活動區塊，所以在十一月二日我們順利在大安森林公園內舉辦了這兩場年度大型活動。當天「生態嘉年華」在音樂台開幕時，蔣市長親臨致辭，也當著所有貴賓面前向基金會林敏雄董事長致謝；當天為數一百攤NGO的生態嘉年華活動也熱烈展開，而且人潮甚至比往年還多；來到現場的民眾幾乎都難以置信大颱風剛過，「生態嘉年華」活動不但照常舉行，而且人潮滿滿的；由於「白晝之夜」接著舉行，下午兩點多，公園內擠滿了人，此次因為在大安舉行，所以基金會也提供詳細的生態資訊給文化局承辦單位，所以「夜行派對動物」面具，「生態講堂」、「生態走讀」、「外來種動物」和「萬物議會」等議題，都運用基金會的生態資

2024 白晝之夜

訊;也就是說這次的「白晝之夜」除了人文、藝術和音樂活動之外,也充滿了大安生態風!

眾志成城,大安安然無恙

大安「生態嘉年華」及「白晝之夜」在大家努力下,圓滿落幕;但接下來兩個禮拜,基金會和公園處終於把公園內的折枝殘木移除;陳副和他的樹藝師團隊備極辛苦,移走路障和巨木,修剪殘枝;柳副和家銓發動志工,足足公園內掃了三個禮拜才清理得和往昔一樣;眾志成城,只要向前看,沒有辦不了的事;在此過程中志工張嘉宏也發動摩門會的義工前來幫忙;而在公園內散步的朋友,看大家這麼認真,也自動加入清理園區的行列,借青年所主任淑雅的話:「有大安森林公園之友基金會真好!」不久,藍處長及曹彥綸、吳文慶兩位副處長及黃一平局長在多次巡園後,也上報市府高層,蔣市長特地藉市政會議公開表揚基金會和林董事長,感謝基金會協助救災,以及感謝基金會十年來對大安和台北市的奉獻。

康芮颱風和蘇迪勒颱風

　　康芮颱風來襲前，基金會董事邱祈榮教授便帶志工和學生在大安森林公園內進行碳匯研究和林木量測，所以我拜託他的團隊仔細盤點康芮颱風過後受損的樹種和斷枝的株數。

　　二〇一五年蘇迪勒颱風來襲，斯時基金會才成立不久；但在二〇一五年蘇迪勒颱風來襲之前，在二〇一五年六月三十日時已修剪了九〇二棵樹。可是在十五級風的肆虐下，當時大安森林公園全倒了三三三棵樹，斷枝的樹則達一一三九棵。由於榕樹區塊大多未修剪，所以大型垂榕共倒了六十一棵；而山櫻花、豔紫荊、苦楝和印度紫檀共倒了五十八棵。然而二〇二四年十月三十一日在台東登陸的康芮颱風，由於基金會每年都在大安森林公園內進行樹木修剪，所以儘管平均風速十級，瞬間風速達十五級，但全倒的林木就少得多了！根據邱祈榮教授團隊統計，康芮颱風大安森林公園共有九十六棵全倒，風折則有二九四棵，比起蘇迪勒颱風的確少多了，這也顯示十年來基金會在大安森林公園內修樹的成果。

大安森林公園大概是國內公園最早算出碳匯的；根據邱祈榮教授的研究，二〇一九年大安森林公園的碳存密度介於每公頃 36.49 至 65.84 噸碳之間；總碳儲存量介於 1024.07 至 1707.30 噸碳之間。二〇一九年至二〇二一年大安森林公園之平均碳吸存密度每年介於 1.16 至 2.55 噸碳之間，年平均總碳吸存量為 30.13 至 66.15 噸碳；如換算為一年二氧化碳吸存量則介於 110.49 至 242.55 噸碳之間。差異來自推估公式及使用係數不同。

倒木的空穴也開始種樹了

這次颱風風倒的前五名分別是豔紫荊十八棵，白榕十一棵，阿勃勒七棵，盾柱木六棵及大花紫薇四棵。而風折以白榕四十七棵最多，其次為阿勃勒三十二棵，印度紫檀二十七棵，及苦楝十九棵，樟樹十八棵。而到二〇二五年一月底為止，公園內的風倒清除及風折木在基金會協助整修，幾

在倒樹處重新種植青楓

乎全都完成；而有些風倒木清理後，公園樹也移植了豔紫荊和茄冬等栽植進清理後的空穴。現在公園內的大多數林木正休養生息，持續萌芽茁壯。而在重災區原鳳頭蒼鷹棲地，公園處種下十六棵台灣櫸，也在鄰近榕樹全倒的空穴，種下秋冬會變色的青楓八棵。

過去八年台灣幾乎沒大型颱風登陸，所以二〇二四年底的康芮颱風的確給台灣各地公園和行道樹帶來極大的傷害；而大安森林公園因為有基金會十年來的協助，林木的損失和傷害減少相當多；是故，寄望台灣各地的大學、社會大學，以及各縣市境內的企業家，都能有錢出錢，有力出力，成立類似大安森林公園之友基金會，長期支助當地的公園，進行修樹、棲地復育、生態防蚊，並推動公園自然和環境教育工作，使台灣各地的公園，都能發展出不同的特色！●

18

全台灣得最多獎項的「活水飛輪」

活水飛輪即景

　　就在台灣大學規畫、施作開挖舊瑠公圳渠道復舊時，大安森林公園內，由潘一如設計師、噪咖團隊、米蘭團隊，結合基金會董事監察人智慧，在兩位副執行長監造下的「活水飛輪」，終於在二〇一八年七月完工。「活水飛輪」是運用健身房超極限運動的理念，所不同的是沒有密閉空間吵雜的音樂及汗臭味，而是在公園開闊的戶外種植野薑花、香水睡蓮、台灣萍蓬草、龍骨瓣莕菜等香花植物，配備設計新穎的腳踏車，讓踩者利用自己雙腳的力量，把水從池底的雨撲滿汲起

蓄留雨水噴向空中，讓騎車運動的人能聞到花的香氣及周遭植物所散發出的芬多精，並噴出各式各樣的水花和鳥鳴聲，讓騎車的人除了運動之外，也活化水源，使生活其中的水生物有足夠的氧氣，而騎者則宛如置身鳥語花香之中，享受運動和自然的樂趣！

也就是說，「活水飛輪」的設計理念是運用生態池下的雨撲滿，把蓄積的雨水，藉由人力踩踏汲出，這既可增加水中的溶氧，有助於池中的水生物活動；而汲水時，不同的腳踏車，能噴出不一樣的水花，能使空氣中增加溼度，讓騎車者便能直接呼吸到公園林木釋放出的芬多精和各式花香；而且每台車上都有 QRCODE 裝置，可放置手機，在輸入個人基本資訊後，計時三分鐘，計算雙腳已踩汲出多少公升的水？既可和自己在不同時間比賽，也能和其他人一起比賽；是一種結合運動、美學、環保和生態的創新裝置。由於設計創新、環保、生態，所以這個裝置，在短短三、四年內，已榮獲國內外三十多個大獎！二〇二〇年這個設計還榮獲行政院文化部民間版的公共藝術大獎！所以，不少董事笑稱「活水飛輪」大概是全台灣最會得獎的公園設施！

大安森林公園及基金會也因為製作了這個創新的設施，幾乎每年

活水飛輪區鳥瞰圖

活水飛輪現場

全台灣得最多獎項的
「活水飛輪」

活水飛輪榮獲 2019 國際景觀設計首獎

上｜榮獲 2019 倫敦創意整合公共服務銀獎
下｜榮獲 2019 釜山廣告節戶外類水晶獎

都會持續榮獲國際各種不同獎項的鼓勵；二〇二一年九月三日，我們又得到國際廣告協會桂冠獎的銀獎大賞！「活水飛輪」又得到衛福部一一〇年「台灣健康城市暨高齡友善城市獎」中的「綠色城市獎」！

其實，基金會這個「活水飛輪」設施，從工程設計到廣告、行銷，都榮獲國際大獎外，其他認養區，像螢火蟲復育棲地工程規畫設計，

也榮獲二〇一八國際景觀建築年會傑出獎；而復育螢火蟲的紀錄片，也得到二〇一八年休斯頓國際影展紀錄片金獎。另外，我們所贊助的《哇，公園有鷹》也榮獲二〇一九年Open Book「最佳童書獎」。更由於董事監察人群策群力共同努力打造螢火蟲棲地，我們團隊也贏得二〇一七年台灣百大「MVP」經理人大獎的榮銜。像這些表現，都是基金會所有成員辛苦耕耘的成果，也謝謝工務局、公園處及台北市政府能攜手和民間合作，共同打拚！

「大灣草圳」好事多磨

在打造「活水飛輪」的同時，基金會為了恢復大安昔日圳道文化和生態景觀，郭執行長邀請了許多文史工作者、學者及專家開會，探討昔日大安森林公園原址的水圳文化，研商是否能往南、往東陸續營造圳道，並溯源定名；經過多次開會及研討，也邀請周邊里長及民意代表開了公聽會，最後大家決定用「大灣草圳」之名，打算持續在公園內打造溼地、花園及渠道。可惜的是，當基金會擬推展「大灣草圳」工程，包括擬推出「生態水花園」、「水幫浦音樂療癒花園」、「水上飛輪綠廊」、「人力水車氣場」、「礫石植生淨化水道」、「水上

森活健身長廊」……等工程及設施時，卻因部分晨運團體成員，結合少數市議員、里長，群起反對，理由是做了這些設施之後，會影響他們運動的空間，有的甚至反對基金會再施作硬體設施，使郭執行長和不少董事、監察人十分挫折！而公園處也以我們未能和居民充分溝通為由，把「大灣草圳」的計畫擱置了！其實這些工程如完工之後，晨運團體還是可以在更加美化，而且更有生態、文化、人文、藝術氣息的空間運動，那不是更棒嗎？看來我們仍得持續和相關人等溝通、對話。

大灣草圳計畫，可見將大小生態池連接、延伸的圳路規畫

當然這也可能影響台北「新瑠公圳」計畫的推動。其實，基金會如持續推動「大灣草圳」，我們估算至少得花上一億元以上的經費，既然部分晨運團體和民意代表、里長持反對意見，基金會中有些董事不免洩氣表示，既已如此，我們又何必熱臉貼冷屁股？做吃力又不討好的事！坦白說這的確是基金會認養公園之後所遭遇到的重大挫折！

另外，值得一提的是在基金會要推動「大灣草圳」計畫時，剛好公園處也打算在南區榕樹區推「樹屋」，竟然也由於未能和居民、晨運團體充分溝通，儘管公園處已經發包出去，但反對聲浪宛如排山倒海而來，最後公園處不得不終止此設施的計畫！

「一朝被蛇咬，十年怕草繩」，現在所有南區、東區的建設案，不管是公園處的，基金會的，全都因此停擺下來。不知是晨運團體、民意代表反對得有道理？還是大多數市民的損失？

啟動「敦親睦鄰」計畫

是故，當我二〇二〇年一月一日接第二任執行長時，首發工作是

敦親睦鄰及環境教育；一月初我率同副執行長、秘書長、秘書共花三週時間，逐一拜訪周邊的十一個里里長，蒐集、訪查大家對公園改善和建設的意見；也花了兩個禮拜的時間，一一拜訪了鄰近十一個中小學校長、主任，告訴每一位校長我們正在大安做了什麼，也希望學校的校外教學能拉到大安森林公園來。如果各學校在推動環境、生態、教學、自然觀察教育等有什麼需要基金會服務的，就請大家直接和秘書室及秘書長連絡；創會的台大五位教授既然決定下海直接服務社區、公園，我們就必定使命必達！

和里長溝通有理性的表達，支持基金會所做的，當然也有不太理性的責怪基金會，好像基金會做多了也不對；但我們是來敦親睦鄰的，不管如何，全都把他們的意見作了記錄；反映最多的是大生態池的水質優養化及鳥島鳥多時，人還沒走近就聞到一股臭味；而且鳥糞多，會汙染葉子，變得白白的，非常不雅，也不衛生；而且，一旦鳥糞乾了，會隨風飄散，會直接影響民眾呼吸道的健康。其次，大安餵食動物問題相當嚴重，尤其是鴿子和松鼠，里長們希望公園處能派駐衛警嚴格取締；多位里長表示曾反映多次，但似乎效果不彰，希望基金會能動員志工出來勸阻。第三，公園內草地崎嶇不平，如有長者入內行

走,常會摔跤,十分危險。第四,公園太綠了,希望基金會能在適當的地方用花卉增添色彩。第五,公園內有不少衰弱樹木,希望基金會能協助替換掉,也希望因褐根病所砍伐的樹,能砍一棵,補種上一棵;還有針對基金會擬在公園內建造「療癒庭園」,有里長擔心硬體設施太多,表示反對⋯⋯等。

為期兩、三週里長的敦親睦鄰的拜會,我們學會了傾聽,秘書長也一一加里長的 line,之後有不少工作的推動,或有修樹、賞鳥、親子環境教育活動,或我們要辦什麼活動,都事前一一告知里辦公室;至二〇二一年十二月,彼此逐漸建立很好的良性溝通。二〇二一年我們拜訪民政局藍世聰局長,也特地為台北市里長們舉辦了三場公園修樹及生態防蚊的研習活動,不少里長都前來參加。

鼓勵學校進公園進行
環境教育及自然探索活動

在拜訪十一位校長時,有些校長還不知道基金會進駐大安森林公園,也不知我們已做了三、四十件公園內環境基礎調查,更不知道我

們提供很多環境教育、自然探索活動。甚至我們也告訴校長，只要願意以大安森林公園為基地，作科學展覽、生物調查或教育活動，我們可以提供師生經費補助，或作導覽，或推薦學者、教材，協助教學活動。

這幾年來，已有不少學校在大安調查蝴蝶、花樹，進行五色鳥、鳳頭蒼鷹、鷺鳥、螢火蟲……等觀察，甚至還有許許多多學校來作校外教學活動。值得一提的是，二〇二一年時，龍安國小還在大安舉辦全校性大型千人活動──「國際嘉年華健康行」，我們也為此大活動動員志工擺攤，帶活動、送獎品。五年多以來，衷心感謝許多校長，包括龍安國小鄭福來校長、國北師教大實小祝勤捷校長、幸安國小陳順和校長、金華國小曾振富校長及信義國小李淑芳校長，常帶學校老師主任親自參加基金會所舉辦的各種活動，包括修樹、種植櫻

在公園裡的校外教學

花、賞鳥、賞螢及許多自然、生物探索課程，這些學校的老師也常帶著學生在園內進行各種校外教學活動。

大安森林公園
已成為校外教學的好地方

　　台北市大安及信義區都是首善之區，但校園、社區卻仍存在蚊蟲及小黑蚊問題；由於基金會在大安森林公園有成功生態防蚊的經驗，所以除了請里長、校長親自來公園內觀摩我們如何施作之外，也請吳加雄及蔡坤憲教授率領團隊前往尋求協助之社區及學校勘查、解決。如今，只要社區及學校需要，基金會仍會持續進行服務；這五年多以來，已經有不少里長、校長和我們有非常良性互動，我也相信今後彼此互動一定也會更好！我們希望大安森林公園變得更漂亮，也更生態化，也期待學校及市民朋友能多到大安走走，多利用公園設施、多參與我們在大安森林公園所推動的各種活動！

　　大安森林公園在基金會和公園處協助下，正蛻變得更生態化、更漂亮，不知市民朋友們是否已深深感受到呢？●

19

化腐朽為神奇的
生態廁所

在「活水飛輪」設計過程中，一群由米蘭及噪咖組成的年輕創意團隊，已在基金會內部激盪出陣陣創意的火花；所以在「活水飛輪」完工使用之後，民眾好評不斷！可是大家都沒想到，這個許多董事監察人公認是一項「全台灣最成功的創意裝置」，完工時大家便預估一定能得個景觀設計獎，但大家萬萬沒想到，在短短幾年之內，「活水飛輪」竟然榮獲 30 個國際景觀設計、創意及行銷大獎；甚至還榮獲文化部頒贈公共藝術大獎一座；換言之，這是一個天天可以讓民眾踩著使用的公共藝術獎座！於是繼「活水飛輪」之後，大家更期待是不是還有類似的創意認養規畫會在公園出現？

遇雨周邊便積水的 1 號老舊公廁　　　雨後 1 號公廁後方灌叢積水嚴重

二〇二〇年春天，公園處靠近西南區的一號公廁，是公園內最早蓋好的公廁，可是一直有民眾反映廁所老舊、陰暗，設施常損壞，每遇大雨，周遭區塊淹水，泥濘不堪；是故，公園處詢問基金會是否能出資協助改建？其實這個地方，早在「大灣草圳」規畫之初，就有打算重建，而且早已設計好蜿蜒的水路圳道從旁邊經過；所以在我接任執行長後，得知公園處希望基金會協助重建時，便和柳副、潘一如設計師一起現勘，也把過去「大灣草圳」的設計圖翻出來一起構思；在多次討論後，大家決定打掉重建，也考慮如何營造光、影及香花植物、水域，以建構現代化智慧型「生態廁所」；也就是說我們決定在這裡營造出有活水、有原生蜜源植物、有香花及牆面上有生態影片、有氣象資訊的公共場域，而這也就是「生態廁所」的建構理念。

當「生態廁所」這個名稱出來之後，很多義工和朋友異口同聲問：「是不是上廁所時望出去可以看到生態美景？不會有臭味？」「真的如置身鳥語花香之中？」「會不會把尿尿變乾淨的池水？」

其實，當我們和設計團隊在討論這個案子時，大家結伴去現場看了很多次，也記下不少現有的缺失，其中包括建築物陰暗、設施毀壞、

有臭味,還有植栽出現褐根病,遇雨周圍全都積水,想如廁的人,路有點兒狹窄,不太方便,當然還有蚊蟲和小黑蚊⋯⋯。由於這是公園第一個廁所,用了二、三十年,難免會有這麼多缺失,所以公園處才會要求基金會是否能為大安森林公園造一個亮麗、新穎、生態化,甚至能「鳥語花香」的示範廁所,讓上廁所的市民有舒適感,所以我們才會以「生態廁所」為名,期望能營造鳥語花香,又有水流的環境,讓大家快樂「方便」!

「生態廁所」的特色

一般,以台北市公園廁所的造價,一座大約要九百多萬、一千萬,對基金會而言是一筆大數字,所以在邀請潘一如進行規畫討論後,由於包括原建物拆除、移樹、申請建造、施工⋯⋯等,承董事長支持及全體董事監察人同意,基金會編列了一千五百萬元。至於為何叫「生態廁所」,我們和設計師討論過後,是有如下幾個特色:1. 營造流水潺潺,入夜後有水燈,池中有水生植物,池畔有台灣原生及漂亮香花和蝴蝶蜜源植物;2. 為留下雨水,廁所周遭埋下可裝一百五十公噸水之雨撲滿;3. 屋頂裝置太陽能板,此綠電力可供應廁所所有電力及燈

具使用；4.廁所周遭及圍牆栽種攀藤植物進行綠美化；5.男女廁大門分隔開，並設男女平權兼婦幼使用空間；所用馬桶皆改為坐式免治馬桶。6.廁所內壁裝設電視牆，日夜輪播大安森林公園內所拍攝的各種生態影片，並提供二十四小時即時氣象資訊，包括氣溫、相對溼度、PM2.5……等；足見這是一個和傳統廁所不一樣的「生態廁所」。

另外，在拆除舊廁所過程中，我們已協助公園處移除多株感染褐根病嚴重的林木，設計師也同時修正設計圖栽種合適的原生植栽，當然也做好排水系統，解決以往遇雨積水，以及出入廁所的路徑，相信這會對公園廁所的興建建立典範。

兼具生態、香花及氣象資訊的廁所

另外，我給潘設計師的難題是只修剪現有灌叢，不移植周圍大樹、不砍樹為原則；因為在公園內大興土木，總會引起所謂「正義人士」的批判，尤其歷經「大灣草圳」擬施作時所引發的爭議，我們不得不更加小心；加上南區里長也一再要求基金會在公園的建設不能重北輕南，所以在擬「生態廁所」規畫之前，我們邀約了南區的里長朋友們

一起到現場現勘,同時交換重建的意見;最後潘設計師再匯集大家的想法開始構思。最後提出計畫書和設計圖,向台北市政府工務局公園路燈工程管理處申請,都同意之後,我們又舉辦公聽會,全都通過了之後,我們才開始走工程程序。

現有的一號廁所的確十分老舊、陰暗,動線也不好,蚊蟲又多,潘設計師最後依照大家的意見,除了移除褐根病樹之外,決定在不移大樹,只修灌叢和數棵小樹,並打開周邊區塊,做好排水系統,以銜接步道;同時在生態池邊埋設雨撲滿,在水池內營造台灣原生水生植物,並在周邊栽種各種能吸引蝴蝶的台灣香花植物,讓大家上廁所時能聞到花香,也能從廁所往外看見香花和蝴蝶互動。同時利用透光的斜屋頂栽種攀緣性的原生種藤花,也在屋頂裝設太陽能板,把傳統的廁所塑造成生態意象的花園。

還有,潘設計師並在廁所各個所能利用到的牆面,運用大型平板電視,播放公園內花、魚、蟲、鳥的影片,也準備把林博雄教授多年來在公園內研發的氣象資訊成果,展現在適合的牆面上,讓大家一走近建築物旁,就知道公園當時的氣溫、溼度、雨量⋯⋯,甚至獲知

PM2.5 的資料。所以，生態廁所是一個結合生態、美學、環保和氣象資訊的智慧型現代化廁所。

然而二〇二三年一、二月，在拆掉舊廁所之後，發現周遭數棵榕樹感染褐根病，為了跑鑑定、移除程序，柳副執行長親自在現場監工、督軍，也把全區圍了起來，辛苦施作一個多月，才清除殘餘病根，並移走焚燬，而這也是我們在公園內施工如發現褐根病，移除病株必走的程序。在這段期間，感謝台大植物醫院鍾嘉綾教授帶領十位研究生和助理在現場協助。

一定會比現在廁所更寬敞、明亮

至於廁所本身，走在資訊牆兩邊分別為各自獨立的男女廁所，一反過去男女共用一個入口平台的模式；而且通氣、透光非常好，不會有傳統廁所臭臭的味道。另外，還有留了一個男女平權使用的廁位，這也可兼供親子使用；而且每一個使用的區塊不但沒有比原來的少，

廁所外生機盎然

廁所外生機盎然

還更加寬敞明亮,還有免治廁位及太陽能板裝置。總之,這是一個結合生態、資訊、環保和香花植物的現代化廁所,相信落成之後一定會成為公園廁所的典範!

「生態廁所」經過台北市政府公園路燈工程管理處的審核和舉辦公聽會之後,已在二〇二二年五月初已完成拆除申請手續,五月中旬也正式向市政府建管單位提出申請建照,期望在二〇二三年底以前能

完工後的生態廁所

PART 3　生態回來了，然後呢？
　　　　後續管理與經營篇

完工後的生態廁所 　　　　　　　　生態廁所資訊牆

完工，讓市民朋友和遊客未來能在這種充滿鳥語花香和潺潺水聲中，吸收新知外，也能快快樂樂「方便」！

　　相信生態廁所完工使用後，一定會為台北市公園廁所的規畫和建構，樹立典範！●

20

為大安東南區塊
增添色彩

河津櫻區

記得二〇一九年我們在螢火蟲復育區三期旁種下十五棵櫻花時，有不少民眾及基金會的董事問：「為什麼種那麼少棵？」由於我曾在林試所國際會議廳聽過日本櫻花達人鶴田及和田兩位日本櫻花名人演講，他們說：「您們台灣人很喜歡櫻花，可是我到北部很多地方看您們所種的櫻花，都種太密了；以日本經驗，這種需要強日照的櫻花，植株間距一定要八公尺以上，這樣樹型才會漂亮，長到一、二十年後，也會比較健壯！」所以，當「花之會」送我們基金會櫻花時，基金會就採取他們的建議，植株間距拉開為八米，而他們也和我們的志工、里長、市府代表一起把這十五棵大漁櫻種下。

大漁櫻樹苗

測量並劃定櫻花種植間隔

在二〇一九年種下時每棵大漁櫻只有六十公分左右的高度，但到二〇二二年，由於基金會所聘請的日本樹木醫團隊持續協助修株、施肥，志工們也以手工除草，如今已長到四、五公尺高，而且二〇二二年還開出不少大大的花朵，所以常可看到遊客紛紛聚集櫻花樹旁拍照，相信二〇二三年會大大盛開，果然二〇二三年二月起大漁櫻開始開花，在櫻花盛開時，又成為大安森林公園的另一個網紅的景點。二〇二四年及二〇二五年大漁櫻盛開，來拍照、散步的人更多！

愛櫻花更要瞭解
如何栽培管理櫻花

　　二〇一七年基金會有感於台灣民眾喜歡櫻花，但對櫻花的栽培及管理知識不足，所以基金會除了邀請日本兩位重量級櫻花達人來台體檢北台灣櫻花成長狀況，並在林試所舉辦大型「櫻花研討會」，邀請國內對櫻花有興趣的業者、民眾參加，當時曾吸引兩百多名業者及民眾參與。

　　二〇二〇年則在啄木鳥課程中更加入認識櫻花的課程，舉辦了送

櫻花和花仙子活動,吸引將近五百人參加。在這個大型活動中除了送櫻花苗之外,基金會也對櫻花的種類、品系、栽培管理方式進行擺攤環境教育,並請陳副執行長和林芳聿小姐現場解說,同時贈送參與民眾櫻花栽培管理小書——「第一次種櫻花就上手」,以及一棵櫻花樹。

能不能種台灣的櫻花?

在董事監察人會議上,林董事長期許大安森林公園也能成為民眾欣賞櫻花的地方,於是我問台灣櫻花專家——陳副執行長:「能否種台灣原生的櫻花?」他說:「台灣共有十八種原生櫻花,但除了山櫻花之外,都沒商品化,所以原生種可能買不到;

大漁櫻現況

而且大多數種類都分布在較冷的山區，也不見得能適應大安森林公園。」

「那麼可以種平地的，除了日本人送的大漁櫻之外，還有什麼種類？」我又問，他說：「讓我思考一下，也和繁殖櫻花苗木的朋友們討論一下。」約莫一個禮拜左右，陳鴻楷副執行長來電：「我們可以栽種河津櫻，有一批以台灣山櫻作為砧木的河津櫻，長得還不錯，我們就栽這一種很適合平地的櫻花好了。」

就以這次栽種櫻花來說，我第一考量是種台灣原生的櫻花，但原生櫻花一則是買不到，其次

每年櫻花季都吸引大批民眾賞櫻

河津櫻現況

　　就是即使有也不適合平地栽種。而種櫻花起心動念是打造大安也是一個可以賞櫻的地方外，和我們栽種大漁櫻一樣，告訴喜歡櫻花的朋友，真正種櫻花是應拉開間距，如果大安森林公園能種成功這兩個櫻花區，也可以作為台灣愛櫻人士的示範；何況櫻花的色彩將如里長們希望為大安增添顏色之外，此 U 字形區塊，未來也能提供民眾散步，同時也可提供讓民眾野餐及舉辦小型活動的場域。

河津櫻區終於在二〇二二年梅雨期間順利種下，如今這批在植生袋中成長的櫻花已為大安森林公園綠色的環境中增添繽紛的色彩，也為喜歡散步和運動的遊客提供更好的遊憩和舉辦活動的場域；如今這些櫻花開花、結果時，除能吸引大家的目光之外，更吸引不少的鳥類和訪花性昆蟲前來，也創造公園更豐富的生物多樣性！

　　十八棵河津櫻正茁壯生長中，二〇二三年二月上旬，已經有四棵開花！而二〇二四年、二〇二五年河津櫻盛開，也為大安森林公園的東南區帶來更多的色彩，也吸引更多的鳥雀活動，開花期間，訪花的民眾，歡笑聲此起彼落！●

21

大安森林公園鳥日子
鷺鷥、五色鳥和鳳頭蒼鷹

守住洞口的五色鳥（薛振臺／攝）

大安森林公園內的大生態池裡有大、小兩個鳥島，在每年三至七月是鷺科鳥類，特別是黃頭鷺、小白鷺、夜鷺的繁殖季節，鳥島上聚滿了各式各樣的鷺鳥；在這段繁殖的季節，樹上一個個鳥巢，把兩個鳥島的樹上，擠得滿滿的；尤其是嘰嘰喳喳的鳥叫聲，常吸引無數愛鳥人的眼光。所以，一到母鳥伏窩和雛鳥孵出的時分，俗稱「大砲」的拍鳥設備，齊聚賞鳥平台和西池畔，拍得不亦樂乎；而這個時候，鳥友們也會把畫面分享給路過的民眾，所以賞鳥平台和池畔也就成為愛鳥人賞鳥、說鳥的好地方。不過由於營巢的鷺鳥實在太多，牠們所排出來的糞便不但會直接汙染下方的樹葉，所咬下的樹枝也常掉落水塘和落羽杉溼地，基金會的志工在這段期間，常划著塑筏，穿青蛙裝下水，清呀

清的,每天忙得不可開交!

　　除了鷺科野鳥,五色鳥、黑冠麻鷺及鳳頭蒼鷹也是大安森林公園內的明星鳥種。五色鳥會利用公園內的衰弱木或枯樹樹幹築巢;從二〇一四年至二〇二四年,每年大約有七到十對五色鳥利用公園內的枯樹幹或衰弱枝幹啄洞築巢;由於五色鳥不太怕生,每一築巢時,常吸引無數鳥友「大砲」伺候。至於黑冠麻鷺,常一隻隻徜徉公園草地,傾聽泥土下蚯蚓動靜,然後把長達十公分的蚯蚓啄拉出來,畫面十分驚悚逗趣!也由於遊客不會騷擾,黑冠麻鷺偶爾會在公園內展翅進行沙浴,最後還趴在沙上,模樣十分吸睛。這種鳥兒常利用公園內多種植物,像苦楝、阿勃勒、台灣欒樹……等作窩,有時候遊客坐在座椅上,抬頭往上或往前看就可看到牠們伏窩育雛的鏡頭。另外,公園內也常可看到喜鵲,牠們也不太怕人,常會出現在地面上啄食,而巢穴就建造在高聳的肯氏南洋杉上方。所以,在公園內,只要您有心探訪,也可以看到綠繡眼等許多小型鳥類的窩巢!公園內樹種多,可吃的漿果多,遊客也不會騷擾牠們,稱得上是鳥類棲息和賞鳥的天堂。

充滿母愛的鷹媽傘　　　　　　　　　鷹媽餵食小鷹

點閱破千萬的鳳頭蒼鷹直播

　　鳳頭蒼鷹俗稱粉鳥鷹，粉鳥就是鴿子，大概民間咸認此鳥為鴿子的剋星；其實在都會公園內牠除了會捕食鴿子和其他鳥類，還捕食鼠類和松鼠，是公園內常駐的猛禽。

　　在大安森林公園，鳳頭蒼鷹喜歡把巢築在高大的榕樹區，極為隱密，如發現人一接近，常會以雙翼作拍擊的攻擊動作，許多賞鳥的朋友在育雛期間，如不慎接近窩巢附近，經常遭公母鳥雙翅拍擊驅趕。育雛期間，公母鳥輪流守護，此時覓食的任務大多由公鳥負責，母鳥接到獵物後，會以利喙及尖爪支解獵物餵飼雛鳥，遇雨天還會張開如傘般的雙翅守護雛鳥；而這也常令愛鳥人士感動，並嘖嘖稱奇。引人

標記鳳頭蒼鷹幼雛　　　　　　　鳳頭蒼鷹幼雛

入勝的是當雛鳥長成，公母鳥會訓練幼鷹學飛及覓食，一直到幼鷹獨立才飛離。

　　基金會和台北市野鳥學會、台灣猛禽研究會、台灣野鳥保育協會及鳥類專家袁孝維教授研究室長年合作，也作過多次鳥類資源調查及舉辦解說活動。打從二〇一七年五月起，每年更和台灣猛禽研究會合辦「鳳頭蒼鷹」線上直播，把公園內的猛禽——鳳頭蒼鷹伏窩育雛的鏡頭，透過網路直播，介紹給市民朋友們欣賞；二〇二〇年，由於疫情之故，加上秘書室三位成員化身小編，把鳳爸、鳳媽辛苦育雛的過程，剪輯成精彩影片片段，有時候也會配上漫畫，分享給鳥友們，沒想到竟然引起網友們相當大的迴響；光是二〇二〇年五月一日至六月三十日，直接在網路上觀看次數竟達 247.5 萬人次，至於曝光次數則達

1140.4萬次！看到感動的畫面時，不少自稱鳳頭蒼鷹乾爹、乾媽的朋友，自動利用網路平台捐台幣、港幣、歐元和美金給台灣猛禽研究會！二〇二〇年猛禽研究會所製作的公仔、雨傘，也大發利市！但是二〇二一年五月份第一窩築巢育雛失敗，一直到第二窩出現，基金會也一樣和猛禽研究會合作直播，雖不如二〇二〇年盛況，但依然贏得不少鷹爸、鷹媽的喝采！而牠們的後代——咖咖，現在已自由翱翔在大安森林公園周遭。

二〇一七年迄今，基金會每年都和台灣猛禽研究會合作線上直播整個育雛的過程，在網路上也貼有不少精彩的影片和照片；每年，我們也會特地為學校及里民朋友舉辦多場環境教育和自然探索、觀察活動，我們衷心期待這種猛禽能持續在公園內繁衍下去！如果沒看過鳳頭蒼鷹育雛行為的朋友，歡迎您在每年五、六月份加入鳳頭蒼鷹育雛直播行列！或上基金會網站，欣賞這種猛禽育雛的影片。

鳳頭蒼鷹已成為大安森林公園常駐的猛禽，牠們已成為大家的好朋友，有空的話，請來看看牠們，記得不要太靠近、打擾牠們的生活喔！

22

從新店溪到大安森林公園

能活絡台北盆地的
「新瑠公圳」親水步道

二〇〇一年至二〇〇四年，在我擔任台大生物資源暨農學院院長的時期，曾大力爭取當時瑠公水利會的補助，讓我順利完成了舟山路農場內的生態池的建設，也協助學校整建完成現在的舟山路綠美化及工程施作。另外，我也爭取到當時農委會的補助，拆建台大獸醫學系的舊房舍，並蓋了一棟五層樓的新大樓（獸醫三館），也讓台大動物醫院往上加蓋了三層。而獸醫系舊館所空出來的大塊空地，我們把挖掘生態池的土分批堆放台大圖書館推成小山丘，不久獸醫系舊址，經過綠美化後便成為現在提供大家運動、休閒及遊憩的大草坪。

院長卸任之前，我也和台大總務處一起規畫好打通大生態池和醉月湖串連計畫，並計畫能把台大校園內的瑠公圳一段段復舊。可惜人去政息，雖卸任前後拜託接任的院長和校長，但最後不但串連計畫沒有實現，舊瑠公圳復原規畫也因故終止。一直到楊泮池校長接任，他想在台大進行「藍帶計畫」，當時的張慶瑞副校長，和王根樹總務長先後和我連絡，希望我能出面協助「藍帶計畫」，持續進行瑠公圳復舊工程。由於我和瑠公水利會前後任會長，包括陳炯松、林錦松及林濟民諸位先生都是舊識，於是藉著和楊校長、王總務長聚在一起討論後，再由瑠公水利會逐年編列預算，協助台大復原一段段舊瑠公圳。

「新瑠公圳」計畫

　　如今，台大校園內的舊瑠公圳已復原明、暗管的圳道，現在正有一段工程進行施工之中，如能恢復至新生南路農業陳列館段，即可和柯市長任內完工的台大新生南路段親水圳道相接。本來基金會就建議當時市政府能沿新生南路北上持續建造，藉以提供市民休閒散步之渠道至大安森林公園；而基金會也規畫在大安森林公園內開發「大灣草圳」，而這也是柯市長上任時我曾向他建議的「新瑠公圳」計畫。令人難過的是在郭城孟老師擔任執行長時，為了大安森林公園內溝圳開發，究竟該用什麼名字，該如何進行？也開了大型公聽會及說明會，並提出預計花費一億元以上經費，逐年分段完成的「大灣草圳」，卻因為部分市民和議員以會影響市民運動、活動空間為由，公開反對而中止！期待未來幾年，在公園處做好排水整建工程之後，「大灣草圳」能逐漸實現。

　　其實，在往昔完全沒開發前的大安森林公園內，到處都是圳道，如今基金會雖然開挖三個區塊成功復育螢火蟲，其實也提供蛙類、蟾蜍、鳥類、蜻蜓、豆娘⋯⋯等許多原生動物棲息、活動的場所，更是

新瑠公圳規畫

平常市民散步、運動的步道。另外，開發「活水飛輪」蓄積雨水，裝置設計新穎腳踏車提供民眾運動，也成為鳥類、龜類、蜻蜓、豆娘的活動場所。如果公園能開挖更多的圳道，做好公園排水，不但有助於園內樹木、植物生長，也可以減少積水區塊，降低蚊蟲、小黑蚊孳生；而且這些親水設施又能夠降低氣溫，也可以增加散步休閒遊憩場所，一舉多得，希望公園內的「大灣草圳」未來還是能逐步實現。

創造多元價值的圳路

也許有民眾會擔心水源會不會不夠？其實一點也不用擔心，只要台大生態池和醉月湖打通，也恢復瑠公圳台大舊圳道，台北市自來水廠已經答應每天提供引自新店溪之原水七百噸供台大利用。這些來自新店溪的原水，如流入台大兩大生態池及舊瑠公圳水域，新的瑠公圳不就重新出現在車水馬龍的台北盆地？昔日瑠公圳為台北盆地的農民、農業做出貢獻，未來的新瑠公圳更為首都更多市民的生活品質和生態環境創造更多的價值；而且潺潺而流的圳路既能怡情養性，提供休閒及運動場域，源源不絕的活水，也能降低周遭氣溫，更重要的是提供更多原生動植物棲息活動的空間，活絡整個新生南路和園區。

所以只要能有條水路串聯新店溪、台大、新生南路和大安森林公園，台北人便擁有一條潺潺不絕的活水！是故，我們期待「大灣草圳」計畫能在大安森林公園貫穿，並串連基金會目前所認養的四片水域圳道，活化公園生態，提供人和台灣原生動植物和諧共處的空間。而且只要公園內水域環境越多，排水一定會更好，蚊蟲和小黑蚊棲息空間也會大大減少，屆時現行生態防蚊的成效一定會更棒！

　　親愛的台北市民：台大新生南路段親水步道已完成了第一期，我們是不是一起來催生台北「新瑠公圳」的生態工程由台灣大學往北，並進入大安森林公園呢？●

新瑠公圳台大段

新瑠公圳台大段

索引

黃緣螢　2, 6, 16-21, 26-30, 32-33, 44, 53, 57, 59-61, 63, 114-117, 122, 125-126, 128-137, 162-163, 165, 168-169, 174-176

永建國小　2, 16, 19, 38, 42-43, 50-52, 57, 61-64, 77

馬明潭　2-3, 6, 16-20, 44, 50-53, 56, 60-61, 136

田螺　2, 16, 18, 21, 30, 57, 59-60, 110, 125, 167-169, 174

川蜷　2, 16, 18, 57, 59-60, 110, 125, 169

仙跡岩　16, 22, 38-41, 52, 56-57, 137

永建生態園區　3, 20, 22, 27-28, 43-47, 51-54, 60-63, 122, 125, 139

郭城孟　7, 26, 28, 38, 40, 44, 46, 57, 233

大理石紋螯蝦　32-33, 163-174

陳文山　6, 39, 44, 46, 51, 56-57

林博雄　39, 44, 47, 57, 212

張文亮　18, 39, 44, 47, 57

楊平世　2, 4, 7, 26, 28, 48

生態學院　3, 43

國際螢火蟲大會　44

生態補償　3, 6, 16-18, 21, 23, 44-45, 56-57, 63, 136

牛踏層　17, 21, 31, 58, 60, 120

小黑蚊　3, 61, 75, 77, 206, 210, 235-236

龍骨瓣莕菜　31-32, 63, 110, 168-169, 196

台灣萍蓬草　31-32, 63, 109, 168-169, 196

樹木醫　7, 41, 71-74, 80, 94, 118, 144, 219

阿勃勒　72, 83-85, 96, 99, 193, 227
生態防蚊　4, 7-8, 21, 44, 47-48, 54, 68, 74-79, 109, 118, 144, 147, 194, 204, 206, 236
蘇力菌　61, 77-78
黑殭菌　61, 77-78
金城武樹　80
樹木方舟　7, 82-88, 96, 99
加羅林魚木　86-87
台灣魚木　86
茄苳　71, 90-94
鳥島　4, 7, 88, 96-101, 105, 108, 111-112, 203, 226
大生態池　4, 26, 96, 99, 104-105, 108, 111-112, 116, 118, 153, 156, 167, 180, 203, 226, 232, 235
落羽杉　104, 107-112, 167, 169, 174, 226
杜鵑花心心　4, 7, 105, 108, 152-160, 184
鳶尾花　8, 110, 112
小生態池　26-27, 118-119, 125, 137, 201
雨撲滿　29, 31, 119-124, 196-197, 210, 212
螢火蟲路燈　130-132
都市啄木鳥　144-148
杜鵑花節　151-153, 156, 158
康芮　146, 184-185, 192, 194
蘇迪勒　68, 69, 192
鳳頭蒼鷹　31, 46, 188, 194, 205, 227-230
活水飛輪　4, 7, 46, 100, 165-173, 196-200
大灣草圳　200-202, 209, 211, 233-236
生態廁所　4, 209-216
河津櫻　8, 221-223
大漁櫻　7, 46, 218-222
五色鳥　205, 226-227
新瑠公圳　202, 233-236

教授的公園夢
打造都市之肺、復育螢火蟲，從零開始的第一本公園生態說明書

作　　　　者／	楊平世
責 任 編 輯／	王正緯（責任主編）
校　　　　對／	童霈文
版 面 構 成／	李偉涵、張靜怡
封 面 設 計／	李亞霈
行 銷 總 監／	張瑞芳
行 銷 專 員／	簡若晴
版 權 主 任／	李季鴻
總　 編　 輯／	謝宜英
出　 版　 者／	貓頭鷹出版 OWL PUBLISHING HOUSE

國家圖書館出版品預行編目 (CIP) 資料

教授的公園夢：打造都市之肺、復育螢火蟲，從零開始的第一本公園生態說明書／楊平世著. -- 初版. -- 台北市：貓頭鷹出版：英屬蓋曼群島商家庭傳媒股份有限公司城邦分公司發行, 2025.06
240 面；16.8×23 公分
ISBN 978-986-262-752-5（平裝）

1. CST: 環境工程　2. CST: 環境保護　3. CST: 自然保育
4. CST: 都市

445　　　　　　　　　　　　　　114003054

事業群總經理／	謝至平
發　 行　 人／	何飛鵬
發　　　　行／	英屬蓋曼群島商家庭傳媒股份有限公司城邦分公司

115 台北市南港區昆陽街 16 號 8 樓
書虫客服服務專線：(02)2500-7718・(02)2500-7719
24 小時傳真服務：(02)2500-1990・(02)2500-1991
服務時間：週一至週五 09:30-12:00・13:30-17:00
郵撥帳號：19863813　戶名：書虫股份有限公司
購書服務信箱：service@readingclub.com.tw
歡迎光臨城邦讀書花園　網址：www.cite.com.tw

香港發行所／	城邦（香港）出版集團有限公司

香港九龍九龍城土瓜灣道 86 號順聯工業大廈 6 樓 A 室
電話：(825)2508-6231　傳真：(852)2578-9337
E-mail：hkcite@biznetvigator.com

馬新發行所／	城邦（馬新）出版集團【Cite (M) Sdn. Bhd.】

41, Jalan Radin Anum, Bandar Baru Sri Petaling,
57000 Kuala Lumpur, Malaysia.
電話：(603)9056-3833　傳真：(603)9057-6622
E-mail: service@cite.my

印　　　　刷／	中原造像股份有限公司
初　　　　版／	2025 年 6 月
定　　　　價／	新台幣 540 元／港幣 180 元（紙本書）
	新台幣 378 元（電子書）
I S B N ／	978-986-262-752-5（紙本平裝）
	978-986-262-751-8（電子書 EPUB）

有著作權・侵害必究（缺頁或破損請寄回更換）

讀者意見信箱：owl@cph.com.tw
投稿信箱：owl.book@gmail.com
貓頭鷹臉書：facebook.com/owlpublishing/
【大量採購，請洽專線】(02)2500-1919

本書採用品質穩定的紙張與無毒環保油墨印刷，以利讀者閱讀與典藏。

Printed in Taiwan
城邦讀書花園
www.cite.com.tw